智慧·经典励志丛书

集沙成塔，集腋成裘

张毅 主编

北京师范大学出版集团
安徽大学出版社

图书在版编目(CIP)数据

集沙成塔·集腋成裘 / 张毅编. -- 合肥 : 安徽大学出版社，2011.10

(智慧·经典励志丛书)

ISBN 978-7-5664-0326-1

Ⅰ. ①集… Ⅱ. ①张… Ⅲ. ①成功心理—通俗读物 Ⅳ. ①B848.4-49

中国版本图书馆 CIP 数据核字(2011)第 209753 号

智慧·经典励志丛书

集沙成塔·集腋成裘 张毅 主编

出版发行 安徽大学出版社
(合肥市肥西路 3 号 邮编 230039)
印 刷 合肥瑞丰印务有限公司
经 销 全国新华书店
开 本 710mm×1000mm 1/16
印 张 12
版 次 2012 年 8 月第 1 版
印 次 2022 年 1 月第 2 次印刷
定 价 36.00 元
ISBN 978-7-5664-0326-1

前言

当今之世，要想成为一个成功者，必须精通做人做事的谋略。但大多数人不得其真谛，以道听途说为学问，以使巧弄诈为智慧。实践表明，要追求大成功就要有真正的智慧——大智慧。

人生充满着挑战，在挑战中追求人生的成功，是一种实现生命价值的至高境界。然而，在这个世界上，大多数人只知道羡慕别人的成功，而轻视了自己的能力。其实，人生的成功不能等待着别人的施舍和神灵的恩赐。命运在自己手中把握着，成功必须靠你自己去努力开创。而机遇并不好把握，它总是悄悄地降临到你的身边，如果你稍不留心，它就会翩然而去。因而，你应该学会用一颗热情的心对待生活，用一种智慧的眼光去发现机遇。只有这样，你才能够寻找到一把开启成功之门的钥匙。

本书荟萃人生事业的成功智慧、使你幸福的生活智慧，融汇成《智慧·励志经典丛书》大智慧。一篇篇蕴涵着生活和成功智慧的文章，犹如幸福人生的智慧锦囊，读后掩卷沉思，顿时让你看透人生的迷雾，洞察世事，练达人情，懂得成功之道，每天都有好心情和好状态。

本书将教你如何成功地做人做事，如何保持好的心情和状态。书中理论精辟，取材广泛，故事生动，说理透彻，涵盖了与人交往、方圆处世、诚实做人、精明做事等内容。人生不总是风和日丽、事事顺心，当你在困惑失意的圈子里迷转流浪时，希望这本书能够给你智慧的点拨，使你重获信心和勇气。生活中忙碌的你需要心灵的小憩，更需要成功智慧的方法与捷径,而本书则恰似成功者的圣经、好心情的当铺,品读这些励志文章,能够帮你把郁闷和不快抛到九霄云外,而把成功留下,让好心情永远伴你左右!

这些包涵人生智慧的励志文字,犹如轻抚心灵的缕缕清风,让你瞬间领悟人生的真谛,平淡对待得失,超然面对繁华;畅达时不张狂,挫折时不消沉。在人生的历练中涵养从容的定力,在潮起潮落的人生戏台上,举重若轻,游刃有余。

有《智慧·励志经典丛书》在手,它会为你指点迷津,让你成功的信心和勇气倍增,一生如踏马平川!

目 录

第一章 做事先做人

第二章　心态决定成败

第三章　寻找机遇，放飞梦想

第四章 打造完美生活

第五章踩着失败走向成功

第六章 让亲情成为你进步的助推力

第一章

做事先做人

随着社会的快速发展，人们所处的人事环境、物质环境也在急速变化。面对这复杂多变的环境，我们不禁要感叹，现在做事难，做人更难。处世之道，就是为人之道。今天我们要想立足于社会，就得先从如何做人开始。明白怎样做人，才能与人和睦相处。待人接物是一门高深的学问，值得我们终生学习。

修养忍耐与宽容的品性

你爱吃鱼，我爱吃肉，虽然嗜好各有不同，但缘分安排我们一桌共食，我们也都吃到了自己喜欢的东西，这很好。

如果我们能承认品质各自有异的客观存在，便会对彼此的互异感到快乐。你有你的思考方式，我有我的思考方式，若是我们都能互相学习，彼此宽容，就能和睦相处。

无论彼此有何不同，你我都各有长处与缺点，如果我们能学习别人的长处，赞美别人的长处；努力改正自身的缺点，含蓄地指出别人的缺点，便可共同提高。

砂糖是甜的，精盐是咸的。它们是味道的两极，互为正反。如果想要使食物尝起来是甜的，只要加点糖就可以了。然而事实上，若我们再加入些盐，反而更能增强砂糖的甜度。这是因为调和了互为正反的两种味道而产生的一种新鲜滋味，这正是造物主绝妙的安排。

事物都有对立，都有正反。有对立的关系，我们才能感觉到自己的存在，才能体会得出那种类似砂糖里加入了盐的滋味。

所以，与其苦思如何去排除那些挥之不去的东西，不如苦思如何去接纳、调和它们。如此，必能产生新的天赐美味。

一般人往往认为人与人之间的关系，可以凭自己的意志来促成或断绝。但事实并非如此，人与人之间的关系，并不是个人的“意志”或“希望”所能左右的，而是由一种超越个人的意志或希望的力量来决定的。

明白了这个道理，就应该珍惜自己的人际关系，心中常怀感激之情，在任何不平或不满之前，先以谦虚的态度想想彼此的缘分，然后以喜悦的心情、热忱的态度对待对方。这世界各类人都有，因此，唯有养成忍耐与宽容的品性，才能适应这个社会。

老外劝我们别作弊

有一位博士曾经讲述过他亲身经历的一段往事：

在北京大学读博士学位的时候，有幸认识了来自美国的帕垂特教授。他给我们上英语课，每次进教室他都笑嘻嘻地拖着个带轱辘的旅行箱，那里面装着我们上课需要的教材和我们上交的作业。在帕垂特教授带给我们的教材中，有一本他和他的美国同事一起专门为我们编写的教材，我们称它为“黄皮书”。

作为博士生，学校规定：如果公共英语考试不及格，就将失去获得博士学位的资格。所以在这门课的最后一次课前，大家心里都暗暗祈祷：尊敬的帕垂特教授，我们这些人都不容易呀，您可别太较真！

那天，帕垂特教授仍然像往常一样，笑嘻嘻地跨进教室，然后从信封里掏出了一叠照片。那是“五一”节时我们班同学和他一起郊游时的合影，他给我们每个人发了一张。发完照片教授竟然问我们：“这是什么？”

我们实在搞不清这个美国佬葫芦里卖的是什么药。大家一边有气无力地回答说是照片，一边又盼着他快来点“实惠的”。可是他却眨着绿眼睛说：“这是‘爱’！”帕垂特接着说：“我们很快就要分手了，也许再没有机会见面了。但是，请记住我是爱你们的！”被他这么一说，我们这些自以为“身经百炼”的人也不禁感觉有点鼻子发酸。

最后还是皮特打破了寂静：“帕垂特先生，我们也爱您。但还是请快给我们讲讲考试吧！”大家不禁激动起来。帕垂特却意味深长地说：“你们现在要做的就是，相信自己并且认真学习我们编写的教材的最后一课。”不会吧？这么小的考试范围？我们迫不及待地翻开了“黄皮书”，在课本中还真有一个名为《关于诚实》的最后一课。内容翻译出来竟然是这样的：

为什么要考试？

1.测试你对某门课的掌握程度；

2.测试你的学习技巧和记忆力；

3.评估教师的教学质量，了解哪些教得不错，哪些需要加强；

4.最重要的是，测试你是否诚实。

什么是“诚实”？

人类社会基本的和必要的道德原则，正直、诚信、实在。与诚实有关的故事和谚语：

1.“狼来了”；

2.人无诚信，好景不长；

3.来路不明的财宝一文不值；
4.诚实最明智，老实人不吃亏；
5.如果我要花招，人们便不再信任我，我再也享受不到诚实的快乐。
在这次考试中，你可以用以下方式表现你的正直、证明你的诚实：
1.即使没有老师监考，你也知道怎么做才合适；
2.会多少答多少；
3.不要作弊。
考试作弊的行为包括：
1.偷看别人的试卷；
2.问别人怎么答题；
3.看事先写好的小纸条。
假如你作弊了：
1.你伤害了老师，给师生关系蒙上了阴影；
2.你的良心就有罪了；
3.你改变了你在人们心目中的形象。
作弊的后果：
1.没收并撕毁试卷，打零分；
2.你丢脸，我们丢脸，大家都无地自容。
不过——

即使你真的作弊了，我们也不会那么做，我们会装作没看见，眼睛故意向别处看。因为，生活本身的惩罚要严厉得多。

孩子，你的信誉价值连城，你怎么舍得因为一点点分数就把它出卖了？作弊的代价太高了，实在划不来！

第二天考试时，帕垂特教授像往常一样出现在考场，他依旧笑嘻嘻的，但还是有人作弊了。帕垂特教授真的像书里说的那样，将眼睛转向了另一边。

关照别人就是关照自己

美国黑人杰西克·库思曾是美国一家名不见经传的小报的记者。因为种族歧视，在那家报社中他感到四面楚歌，受人排挤。与别人交往更成了他最头疼的事情。

那时，美国的石油大王哈默已蜚声世界，报社总编希望几位记者能采访到哈默，以提高报纸的声誉与卖点。

杰西克便在心底暗暗发誓，一定要完成这一任务，以便让他们不敢再轻视自己。

有一天深夜，杰西克终于在一家大酒店门口拦住哈默，并诚恳地请求哈默回答他几个简短的问题。

对杰西克的软磨硬缠，哈默没有动怒，只是和颜悦色地说："改天吧，我有要事在身。"可是，杰西克没有放弃，仍一再恳求。

最后迫于无奈，哈默同意只回答他一个问题。杰西克想了想，问了他一个最敏感的话题："为什么前一阵子阁下对东欧国家的石油输出量减少了，而你最大对手的石油输出量却略有增加？这似乎与阁下现在的石油大王身份不符。"

哈默依旧不愠不火，平静地回答道："关照别人就是关照自己。而那些想在竞争中出人头地的人如果知道，关照别人需要的只是一点点的理解与大度，却能赢来意想不到的收获，那他一定会后悔不迭。关照，是一种最有力量的方式，也是一条最好的路。"

哈默离去后，杰西克怅然若失地呆站在街头。他以为哈默只是故弄玄虚，敷衍自己，当然那次采访也没有收到预想的效果。为此，杰西克一直耿耿于怀，对哈默那番不着边际的话更是迷惑不解。

直到 10 年后，他在有关哈默的报道中读到这样一则故事：

在哈默成为石油大王之前，他曾一度是个不幸的逃难者。有一年冬天，年轻的哈默随一群同伴流亡到美国南加州一个名叫沃尔逊的小镇上，在那里，他结识了善良的镇长杰克逊。

可以说杰克逊对哈默的成功起了不可估量的作用。

那天，冬雨霏霏，镇长门前花圃旁的小路便成了一片泥淖。于是行人就从花圃里穿过，弄得花圃一片狼藉。哈默也替镇长痛惜，便不顾寒雨染身，一个人站在雨中看护花圃，让行人从泥淖中穿行。这时出去半天的镇长笑盈盈地将一担炉渣挑回来并铺在泥淖里。

结果，再没有人从花圃里穿过了。最后镇长意味深长地对哈默说："你看，关照别人就是关照自己，有什么不好？"

从这个故事中，杰西克也终于领悟到：每个人的心都是一个花圃，每个人的人生之旅就好比花圃前的小路。而生活的天空除了风和日丽，也有风霜雪雨。那些在雨中前行的人们如果能有一条可以顺利通过的路，谁还愿意去践踏美丽的花圃呢？

从那以后，杰西克开始尝试与报社其他同事坦诚相处。他知道，理解和大度最容易缩短两颗敌视的心之间的距离，而关照就是两颗心之间最美的桥梁。

同事们不再排挤他了，亲切地喊他“黑蛋”。而直到多年后，他卸下报社主编的重担，一人隐居乡间安享晚年的时候，围着他蹦蹦跳跳的不同肤色的孩子们也喊着他“黑蛋”。因为他的邻居们真的已记不得他叫什么名字了。

不要说谎

1987 年，75 位诺贝尔奖获得者在巴黎聚会。有人问其中一位：“您是在哪所大学学到您认为最重要的东西的？”那位老人平静地说：“在幼儿园。”“在幼儿园学到什么？”“学到把自己的东西分一半给小伙伴；东西要放整齐；吃饭要洗手；做错事要道歉；午饭后要休息；要仔细观察大自然。从根本上说，我学到的最重要的东西就是这些。”

的确，我们现在最重要的，就是幼儿园老师对我们说的一句话：不要说谎。如果我们的每一件事、每一句话、每篇文章、每次发言、每张表格等等，尽可能如实，不实的东西能少一分是一分，情况总会一天天好起来的。

朋友托我办事，有时我忙忘了没去办。被问起，就老老实实告诉他。尽管他一时十分不快，但我想，如果我经常说要找的人出差了什么的，总有一天人家真的出差了，但朋友反而不信。就像幼儿园老师讲的那个故事，那个小孩老是说假话，喊“狼来了”，后来狼真的来了时他再喊，人家却不信了，他就被大灰狼吃了。

记得以前读过一本日本人写的书，说一个人要是在 40 岁时还不能建立起自己的信誉，那他就完了。现在想想哪能拖到 40 岁，一个人从小就要有信誉。我常对女儿说，如果迟到了，就老老实实说睡过头了，别说闹钟坏了，也别说路上堵车。说话太老实，眼前是会吃点亏，但最终会使你受益一生,因为人家相信你。

今年达沃斯世界经济论坛期间,我们自己也搞了一些讨论。1月31日那一场,在几位企业家热烈讨论企业的接班人难题时,坐在嘉宾席最边上的一位经济学者冷冷地说道:“当你要把企业交给你的继承人时,你不仅要对他的能力有一个高的评价,而且要对他的道德……就是说,要信任他。而在中国目前情况下,可信赖的人太少了。”

学者话音未落,掌声爆响一片。我真希望众多正在读MBA的人能听到这场讨论,真希望他们能明白,现在总裁、首席执行官的位子不少,想坐上去,比一纸文凭更重要的,或者说比案例分析能力更重要的,是可信与否。

今年2月在西方出版的《百万富翁的智慧》一书,对美国1300名百万富翁进行了调研。在谈到为什么能成功时,几乎没有一个人把成功归于才华,他们说:“成功的秘诀在于诚实、有自我约束力、善于与人相处、勤奋和有个贤内助。”

深圳有一个从农村来的没有什么文化的妇女,起初给人当保姆,后来在街头摆小摊,卖1个胶卷赚1毛钱。她认死理,坚持1个胶卷永远只赚1毛,后来生意越做越大,买了不少房产。现在她开一家摄影器材店,还是1个胶卷赚1毛。市场上柯达胶卷1个卖23块,她卖16块1毛,批发量大得惊人,那儿搞摄影的没有不知道她的。外地人的钱包丢在她那儿了,她花很多长途电话费找到了失主。有时候算错账多收了人家的钱,她火烧火燎地跑到人家里还钱。听起来像雷锋,可赚的钱不得了。这个半文盲妇女的人生哲学,恐怕也就是幼儿园老师教给我们的那些简单的东西。

以往我有时候没说实话、做实事,有意无意骗了别人,伤了别人,也骗了自己,伤了自己。现在,我们只有退回原地,规规矩矩地按幼儿园老师教的去做。

善待恩怨

人生有缘相处,或亲情相依,或同窗共读,或为伍共事,或结伴同旅,彼此之间,总会有一些恩恩怨怨发生。那么应如何对待这些恩恩怨怨呢?

阿拉伯著名作家阿里,有一次和吉伯、马沙两位朋友一起旅行。三人行经一处山谷时，马沙失足滑落，幸而吉伯拼命拉他，他才获救。马沙于是在大石上刻下："某年某月某日，吉伯救了马沙一命。"三人继续走了几天，来到一处河边，吉伯跟马沙为了一件小事吵了起来，吉伯一气之下打了马沙一个耳光。马沙便在沙滩上写下："某年某月某日，吉伯打了马沙一耳光。"

后来，阿里好奇地问马沙，为什么要把吉伯救他的事刻在石上，而将吉伯打他的事写在沙上？马沙回答："我永远都感谢吉伯救我，至于他打我的事，我会随着沙滩上字迹的消失而忘得一干二净。"

这虽是则故事，但故事中马沙的回答对人们不无启示：记住别人对我们的恩惠，忘掉我们对别人的怨恨。这一"记"一"忘"的回答，着实令人感动，堪称待人处事的良方。

交往中的风度

交往风度，是指人们在交往中呈现出的良好举止和姿态。恰当的风度是人的内在素质与外在表现的和谐统一。只有保持恰当的风度，才能给人以美好愉悦的感觉，从而增进人际关系。反之，人们要是在交往中过分地张扬或炫耀自己，就会产生适得其反的效果。因此，恰如其分地展示自己良好的风度，既是十分必要的，也是十分重要的。

老练是交往中的上乘功夫。老练的人，有着丰富的人生阅历，一般能较好地处理长远利益与眼前利益的关系，大节与小节的关系；能透过现象看本质，不为生活中形形色色的现象所惑；能处理感情与理智的关系，适当地节制自己的情感，驾驭自己的习性，使之无碍于交际。

形成老练的交往风度并不是一件难事，只要做生活中的有心人，注意观察、学习、积累经验，即便是少年也可以老练。

谦逊是一种赢得交往的美德，以坦诚、求实为基础。谦逊的人对自己的长处不炫耀，而对他人的长处能够由衷地赞美，见贤思齐；对自己的不足不掩饰，并能心悦诚服地接受他人的意见，从善如流。养成谦逊的风度，不仅要克服自满自骄，还必须杜绝虚伪。虚伪是坦诚的大敌，是狡诈的伙伴。

谨慎并不是要求事事时时处处谨小慎微，或者胆小怕事、瞻前顾后、顾虑重重,或者唯唯诺诺、优柔寡断、缺少个性,或者以此为借口来包裹自己,把自己局限于一个狭窄的空间,那就成了拘谨了。拘谨恰恰是现代人交往的大敌,与拘谨的人交往毫无价值可言。

活泼是一种充满生机活力的交往风度,是交往的催化剂。活泼表现为秉性天真无瑕,表情生动自然,举止大方洒脱,它能够深深地感染和调动对方的情绪,活跃交往的氛围。不活泼的人与人交往,表情呆板,不苟言笑,缺少热情,容易使交往陷入尴尬、别扭的僵局,从而使对方失去交往的兴趣。

豪爽就是待人豪放率直,宽厚大度,心灵清亮如镜,明澈见底。豪爽与一个人的性格有很大的关系,也与一定的职业有关,但更主要地取决于一个人的心胸与气魄。只要是一个胸襟坦荡的人,都具有豪爽的一面。但豪爽不应像一匹脱缰的野马,失去控制。

自尊之心人皆有之,在交往中,自尊是十分可贵的品质。自贱者不以人格的尊严为重,少廉寡耻,为了既得利益不惜出卖亲朋好友、出卖国家,甚至出卖自己的肉体和灵魂。这样的人当然不能赢得他人的尊重。

信任是获取他人友谊的必要条件。与人交往,肝胆相照、以诚相待、信任他人,不失为可贵的风度。信任要注意两个方面:一是要有识人之能,并相信自己的眼力和判断;二是建立在了解对方的基础上。信任绝不是轻信,轻信表现为对人对事不加观察和分析,盲目地相信他人,因而良莠不分。

宽容是赢得人心的最佳风度。宽容的表现有很多,在与人交往时,最主要的标志就是能冷静地承受对方给自己造成的种种不快,大度地包容对方的无礼,故能广交朋友,并在朋友中享有很高的威望,正所谓"度大集贤朋"。

具备起码的礼仪知识

中国是个礼仪之邦,中国人是重礼仪的。仪表、礼貌、态度是面试者十分重要的因素。它不仅反映出你的人品、性格、教养、文化等,而且直接影响到面试者对你印象的好坏,从而最终决定是否录用你。

一家合资华侨饭店招聘各类服务人员 350 名,700 多名男女青年怀着对这家合资企业的向往，很早便排起“长龙”等候应聘。7点30分，第一关目测在众多人的期待中开始了。第一位应聘的女郎，环佩叮当，浓妆艳抹，满脸自信，来到了目测人面前。话不过三句，目测人眉心轻皱，却彬彬有礼，连声“谢谢！”女青年当下明白，这就是被pass（淘汰）了……一位20出头的男青年，气宇轩昂，据说会两门外语，目测人以礼相待，连声“请坐！”这位男青年可能是才高气傲，只见他如入无人之境，屁股刚落座，二郎腿一跷，浑身就悠然自得地颠将起来……目测人见状，忙说“谢谢！”也有的应聘青年进屋不懂礼貌，人家连声“请坐”，他理也不理，扬脸朝天，旁若无人，把证件往桌子上一扔；有的留着八字胡；有的叼着个烟卷……这天，700多名应聘的男女，仅目测这一关，就被淘汰掉80%，而其中不讲文明礼貌者竟占十之六七！目测人满脸的忧虑：“目测过程中我们可能也遗漏了不少人才，可有些人连起码的文明礼貌都不懂，站没站相，坐没坐相，说话粗俗，‘哥们儿’等称谓登堂入室，甚至还有‘他妈的’等话语。有的青年身份是‘待业’，可衣着高档，装饰品、化妆品也是名牌，与其身份大不相称。我们‘养不起’这样的人！我们是做生意的，服务人员如果不懂起码的文明礼貌，是会把顾客吓跑的。”

当这些一向被视为“生活小节”的言语行为成为饭店招聘硬性条件的时候，人们不大不小地震动了一下，尤其是那些自认为才大志高的应聘者更是没想到。其实，讲文明、懂礼貌是一种基本的素质，人人都应具备。这不仅是社会对其成员、国家对其公民的一种合理要求，也是择业者应具备的起码条件。根据专家与过来人的经验，面试中应注意以下礼仪举止：

——进门时不要紧张，应主动向面试官打招呼问好：“您好！”这样可以在主试人和应试者之间创造出和谐的气氛。

——若非主试人先伸手，你切勿向前伸手和对方握手。

——若无主试人的邀请，你切勿径自坐下。对方请你坐下时，应表示感谢。

——坐下时要放松自己，但应坐得挺直，切勿弯腰弓背，不要摇摆小腿。

——不要挪动椅子的位置。

——不要把随身携带的皮包、物品等压在桌子上，而应放在膝盖上面。

——双手保持安静，不要搓弄纸片或其他分散注意力的东西。

——让主试人先开口发问，切勿唐突开口。

——说话时眼睛要看着对方。如果面试者有两三位，要看着坐在首席的那位。

——口中不要含东西，不可吸烟。

——不要打断面试者的问话，也不要争辩。

——让面试者把话说完，不要在谈话未结束前表现出浮躁不安或急欲离去的样子。

——最后结束时，谢谢面试者给予应试的机会。

——如果在你面试之前，有秘书或接待员接待过你，在离去时也一并向他们致谢告辞。

——回家后写一封感谢函给面试者，感谢他给予应试的机会。礼多人不怪，在招聘单位难以取舍之际，这一封信有时会产生决定性的效用。

做人之道重躬行

文学史上有这样一则佳话：唐朝大诗人白居易一次向道林禅师请教什么是佛法大意，禅师只回答了8个字："诸恶莫作，众善奉行。"白居易听了有点不屑地一笑："这样的道理，3岁的孩子也说得嘛。"禅师严肃地回答："3岁的孩子说得，80岁的老翁却不一定行得。"白居易听后不由心下服膺，并有所感悟。

这则轶事提醒人们：做人的道理不难听到，也不难理解，但要真正躬行实践却绝非易事。被炎黄子孙尊称为"圣人"的孔子对此就感喟不已，他说："如果说学问知识，我已差不多了，但躬行君子，我还没有做到。"宋代大诗人陆游曾有过这样的诗句："纸上得来终觉浅，绝知此事要躬行。"这都是在强调做人之道重躬行。

做人之道，当然说的是做个善人之道，这仅仅是从最基本标准讲的，若从高境界说，是要做个完人、真人。至于那些恣意行乐、纸醉金迷而又稀里糊涂、甘居下流者，则不在此"道"之列。

"诸恶莫作，众善奉行"，之所以稚子能说得，老翁却不见得能行得，是因为人受私欲俗念的蒙蔽，一方面可能分不清哪是善，哪是恶，不知不觉中就做出了黑白颠倒、不善不洁之事；另一方面，虽然知道什么是善什么是恶，但往往抵挡不住名利与权威的诱惑逼迫，或认为小恶无损，而弃善就恶，前功尽弃，甚至“一失足成千古恨”。这样的事例在生活中不胜枚举。

要躬行做人之道，首先必须要有自己明确而坚定的是非原则、正邪标准，以此来区分生活中什么是善的，什么是恶的。特别是处在当今拜金狂潮汹涌、价值取向多元甚至混乱的转型期，似是而非、以假乱真的东西尤其能蛊惑人、引诱人、毒害人，稍不留神就会误入圈套和歧途。

我热爱写作，近年来发表了一些小说、散文与随笔。去年秋天，文联发来一封邀我去四川参加创作会议的信函，我当时异常兴奋。作为一名业余作者，能出席全国性创作会议可谓喜从天降。一想到能和许多文友见面、谈心，我就抑制不住自己内心的激动。同时，不消说，亦可借此游览一下九寨沟、青城山、乐山大佛等令人心驰神往的名胜。领导看了信函，也为我高兴，不仅同意我去而且叫我坐飞机去。一切都安排得妥妥当当了。不过，面对这张“快乐船票”，我却心生犹豫，有个问题横亘心头：乘机赴蜀，这一趟至少要花费五六千元啊！我就悄悄地向别人打听坐火车大约花多少钱，别人告诉我说两三千元左右。我想，要去也应该坐火车去，无非自己辛苦一点儿。但继而又一想：职工们已有半年没领到工资了，矿上甚至出现了要饭的，几千元能帮助多少困难家庭啊！我却拿着公款堂而皇之地游山玩水，这叫人怎么忍心？经过一番激烈的思想斗争，我最终向自己和领导及亲朋们说出了一个很难说出的“不”字，取消了这次远游。

虽然我失去了与良师益友相聚以及坐飞机、游名胜的机会，但内心却感到了无限的快乐。

要抵挡形形色色、五花八门的诱惑，就必须有自己的正见、远见、定见，特别要注意从点滴小事上“养吾浩然之气”，培养自己的节操和意志，对一些是非昭然的问题敢于刚正不阿地说“是”或“不”，做到毫不含糊，斩钉截铁。

举个最简单的例子。我岳父退休后加入了摔扑克的队伍。一次他对我说：“你在工会管娱乐用品发放，抽空给我带一包扑克来玩。”我答应下来。回矿后，当我挥笔签领扑克时，一种损公肥私的龌龊感猛然使我脸红心跳起来。我放下笔，眼前浮现出一则美国人公私分明的故事，是一位曾参加过柬埔寨维和工作的中国军人写的：初期，办公用品十分紧缺，美方人员将自己的彩色绘图笔、笔记本、地图胶贴等无偿贡献出来。对急需的地图他们亲自到市场上一家家地询问直到买到，却从不报销。他们写家信时，明明手头有公用信封，却不用，而是跑出去买信封回来用。他们说，为了一点公用的东西贪便宜实在不划算，贪小失大。只有在生活中时时注意公私分明，才不会犯大错误，才会平安度日。

我为自己一时的糊涂而惭愧。想想外国人能毫厘不爽地做到公私分明，我怎么在关键时候就不能自持了呢？我撕掉条子，跑到商店买了一包扑克送给岳父。我说："爸，这是我用自己的钱买的，您尽管快快乐乐地玩吧！"从那以后，他再也没有叫我拿过扑克，而且渐渐离开了牌桌。孝，更需要真诚和高洁的精神啊！不洁不诚，怎么能谈得上孝？

写这些生活琐事，不是为了自我炫耀，而是说，生活无小事，人生无小事。要想做个真正的好人，就必须脚踏实地，时时谨行，处处慎独。古人曾强调"勿以恶小而为之"，谚云"今日偷韭，明日偷油，后日偷牛"，都是说如果不防微杜渐，小错必铸成大错。古往今来的大奸大恶其实都是从小诈小恶演化来的。

实践表明，做个好人既不是那么容易，也不是那么高不可攀。俗话说：难难难，易易易，不难不易。要说难，一片贪欲之云横眼前，就可能叫人钻入死胡同，直碰得头破血流甚至一命呜呼也闯不过去。要说易，放下屠刀，立地成佛，明心见性也只在刹那之间。关键看一个人有没有真诚的信念、坚强的决心、刚毅的意志和切实的躬行。孔子讲："好学近乎知，力行近乎仁。"可见一个人即使学富五车、著作等身或宏论滔滔、口吐莲花，如不能躬行实践，也不能算是真学问。

有朋友可能会问，在现实生活中你这样逆流而动，岂不是自找苦吃，自我贬损，失去的多，而究竟得到了什么？我要回答的是：一个好人，在物质上或在感官享乐上似乎失去了一些，比如，不去四川开会，便失去了见到举世闻名的乐山大佛、欣赏九寨沟的奇妙风光的机会。但事实上，我所得到的，比这甚多甚大。参拜石佛怎能和领悟心佛相提并论？欣赏风景之趣更不能和领略人生真境之乐同日而语。我不知道参加在风景区召开的一次会议对人真正的领悟或知识技能的提高有多大的增益，我也说不准一顿鲍鱼或海参究竟能给人增加多少营养，但我却真切地感受到：当抵御了一次强烈的诱惑之后，我会觉得自己是个值得自己尊重、满足和信任的人，是个能用良知战胜卑私的强者。那种心安理得、欢畅明澈的幸福感，我相信，就远不是那些游玩享乐者所能享受到的。居庸关城隍庙大殿有这样一副楹联："做个好人身正心安魂梦稳，行些善事天知地鉴鬼神钦。"做个好人，是否能得到被孔子敬而远之的鬼神们的钦敬，我不得而知，但要说到心安梦稳那是真实不爽的。而且，我体会到，一个人一旦明悟了自己的责任和使命，再以无所畏惧的意志来躬行、精进、日新又日新，就能在人生的道路上不断有所超越和收获，生命之花就能徐徐绽放，璀璨而芬芳。当你堂堂正正地生活、坦坦然然地工作、光明磊落地处世时，你会觉得自己是透明的，是喜乐的，是清静的，是完整的。

着装准则

1.三点一线：一个衣冠楚楚的男人，他的衬衫领口、皮带扣和裤子前开口外侧应该在一条线上。

2.说到皮带扣，如果你系领带的话，领带尖可千万不要触到皮带扣上哟！

3.除非你是在解领带，否则无论何时何地松开领带结都是很不礼貌的。

4. 一身漂亮的西服再系上领带会使一个男人看上去非常时髦，而一套好西装不系领带，会使他看着更时髦。

5.如果你穿西装，但不系领带，就可以穿那种便鞋。但如果你系了领带，就绝对不可以了。

6.新买的衬衫，如果你能在脖子和领子之间插进两个手指，就说明这件衬衫洗过之后仍然会很适合。

7.透过男人的衬衫能隐隐约约看到穿在里面的 T 恤，就有如女人穿着能透出里面内裤的裤子一样尴尬。

8.如果不是专业的手洗，一件 300 多元的衬衫很快就会只值 25 元。

9.精神的发型、一双好鞋，胜过一套昂贵的西装。

10.一双 90 元的鞋的寿命应该是 180 元一双的鞋的一半，而 1000 元一双的鞋将伴你一生。

11.如果你穿的是三粒扣西装，可以只系第一颗纽扣，也可以系上面两颗纽扣，但就是不能只系最下面一颗，而将上面两颗扣子敞开着。

12.穿双排扣西装，所有的扣子一个也不能不扣，特别是领口的扣子。

13.如果你去某个场合拿不准穿什么服装，那么隆重点儿远比随便点儿强得多，人们会认为你随后还要去一个更重要的场合呢！

14.一件便宜的羊绒衫实际上远远没有一件好一点儿的羊毛衫柔软、舒服。

15.除非你是橄榄球运动员，否则就不要把任何与名字有关的字母或号码穿在身上。

16.45 岁以下的你请不要过早地叼上烟斗，也不要戴那种浅圆的小呢帽。

17.比穿没盖过踝骨的袜子更糟糕的是穿没盖过踝骨的格子袜子。

18.配正装一定不要穿白色的袜子。

19.无论如何，你不必有太多卡其布休闲装、白色的纯棉 T 恤或厚帆布网球鞋，毕竟一周只有一个星期六。

20. 穿衣服的第一常规就是打破一切常规——包括我们上面所说的一切。

倾听诚可贵

学会倾听，哪怕对方是一个较为蹩脚的谈话者，你也可以从他的谈话中吸取到有益的东西。但是，有关调查统计表明，大约只有 10%的人善于冷静而有目的地倾听对方的谈话。

怎样才能学会倾听呢？有心者不妨从以下几方面进行训练：

一、必须主动积极。意思是说对对方的看法和意见感兴趣，并且积极努力去听，去了解对方，若有不明白的就问清楚。我们经常碰到某一种人，当别人说话时他在想着自己下面要说什么，还有的人则是答非所问。你知道他根本不在听你说，你的话对他只是耳边风，他甚至还会干扰你说话。对这样的人，你当然不会留下什么好印象。

二、谈话时反应要冷静。一个善于倾听的人，总是能控制自己的感情，过于激动，无论是对讲的人还是听的人，都会影响表达与听取的效果。

三、要让人家把话说完，尽量控制自己，不要打断对方。有时，谈话并不是一下子就能抓住要领的，应该让对方有时间不慌不忙地把话说完，即使对方为了理清思路而作短暂的停顿，也不要打断他的话，以免影响他的思维。

四、要去体察对方的感觉。一个人感觉到的往往比他的思想更能引导他的行为，愈不注重人感觉的真实面，就愈不会彼此沟通。体察感觉，意思是指将对方话语背后的情感复述出来，表示明白理解他的感觉，有时会产生相当好的效果。

五、不要匆忙下结论，不要急于评价对方的观点。一个良好的交谈者，应该努力弄懂对方的话，完全把握他的意思。

六、要关怀、理解和接受对方，鼓励他或帮助他寻求解决问题的途径。这种态度若是真诚不带虚假，定能奏效。

七、要全神贯注地听，不要做小动作，不要走神。别人说话时，如果你不时朝窗外看来回行驶的汽车，或只顾低头自己修剪指甲，或面露不耐烦的表情，这些都是不礼貌的，都会使对方对你产生反感。

八、不必介意别人讲话的特点。有些人说话时爱眨眼睛，有些人说话时爱带口头禅，有些人说话时爱手舞足蹈。对此你不必介意，更不要分散自己的注意力。你应该将注意力放在对方谈话的内容上，尽可能从对方的谈话中吸取信息，丰富自己的知识和经验。

九、要注意反馈。倾听别人的谈话要注意信息反馈，及时查证自己是否理解了对方的意思。你不妨这样："不知我是否理解了你的话，你的意思是……吗？"

十、要抓住主要意思，不要被个别枝节所吸引。善于倾听的人总是注意分析哪些内容是主要的，哪些内容是次要的，以便抓住话语背后的主要意思，避免造成误解。

十一、要使思考的速度与谈话相适应。我们在倾听时大脑要抓紧工作，勤于思考分析。如果别人在谈话时，你心不在焉，不动脑筋，别人说话的内容又记不住，不得不重复再谈，那显然是事倍功半。

十二、不要总想占主导地位，好像自己无所不知，只有自己才能给别人以启发。自以为是的人，往往最不会倾听别人谈话。

改改脾气急躁的坏毛病

翻阅干部考察报告，我们不难发现，不少领导干部特别是年轻干部都不同程度地存在着急躁情绪，且屡犯不改。

也许在这些领导们看来，脾气急躁算不上什么大毛病，少数人甚至将它视为“心直口快”、“作风果断”、“雷厉风行”的代名词。虽说脾气急躁本身不是什么大问题，但由它而引发的“连锁反应”却不可忽视。

一是急功近利，搞短期行为。性急者多半心浮气躁，不甘于平淡，又不肯踏踏实实按客观规律办事。今天播种，明天就要收获，碰到挫折，便垂头丧气，怨天尤人。久之，势必做出只看眼前不顾长远的短期行为。

二是独断专行，刚愎自用。性急者大多自以为是，听不进不同意见，把个人凌驾于组织之上，作风不民主，搞“一言堂”、“家长制”，因而常常带来决策上的失误。

三是心胸狭窄，工作方法简单粗暴，不能设身处地替他人着想，不善做细致的思想工作。性急者往往奉行“理解的要执行，不理解的也要执行”这种原则，使下属的主观能动性难以充分发挥，工作中被动应付。他们甚至还不分场合地批评、训斥同事和下属，使他人敢怒而不敢言，只得敬而远之，自己也就无可奈何地成了“孤家寡人”。

情绪急躁看似一个简单的脾气问题，但从中可以反映出党员、干部的党性修养和个人素质。任何一个领导者，要想创造出色的领导绩效，都必须戒除急躁情绪，努力做到沉着冷静，豁达大度。

学会克制

当你置身于狂热的球迷之中，面对赛场的风云突变，不跟着起哄、不吹口哨、不扔汽水瓶，这就是一种克制；民主生活会上，面对种种意见、批评，甚至无中生有的诘难，你眼不瞪眉不皱，这种功过任人评说，有则改之、无则加勉的度量就是一种克制；在家庭里你面对妻子或丈夫的小题大做、喋喋不休，却一点儿不发脾气，仍然笑容可掬地端盘洗碗，审视孩子的加减乘除,这份理解和忍耐就是一种克制。别人踩了你的脚,你竟对那人宽容一笑;你申报的高级职称再次落空,依然不闹情绪,埋头工作;你深爱的女友或男友弃你而去,你却说“天涯何处无芳草”,抹一把泪后又热情地投入火热的工作和美好的生活中……所有这些,都是一种克制,它体现了人的美好品质和良好的道德修养。

生活中总有诸多的失意、落寞,看不惯的人和事实在太多太多,遭人误解,被人诽谤,甚至被别人小耍一两回也是常有之事。对此,那种动不动就骂娘,或以牙还牙、或以拳相向、或自暴自弃的行为,实在不是明智之举。做人就应当学会心存坦然、宽容,意寄旷达、宁静,情系深沉、真挚,这是做人的一种境界,也是学会克制的前提。

我们提倡克制,是因为它闪耀着理智之光。仁人志士,即使渴死饿死,也不会去饮“盗泉”之水,受嗟来之食。朱自清不是宁肯饿死也不吃美国的救济粮么?这份宁死不屈的克制表现了一个人多么高尚的节操啊!学会克制,就能够构筑起一道抵挡人欲物欲的长堤,顺利通过物质的、金钱的、美色的一道道充满诱惑的陷阱,使你的路越走越宽,越走越平坦。

克制也是一种生存之道。俗语说“和气能生财”、“忍一忍百气消”,正是此理。当面对别人的误解、谣言甚至是恶意的中伤时,如果你暴跳如雷,那就正中他人下怀。不仅解决不了问题,还会有“此地无银三百两”之嫌,至少也会背上个“没有修养、缺乏风度”的恶名。不善于克制,会使误会加深,造成人际关系紧张,事事皆难。学会克制能避免冤冤相报,能使大事化小,小事化无。克制能使阴谋破产,使误解冰消雪融。

克制体现出成熟美。一个成人如果不懂得克制,往往会被人看成肤浅、无知,认为你经受不住痛苦、挫折和失败。一个人沉不住气又怎能挑起重担,干出一番大事业呢?

提倡克制并非叫人一味地无原则地忍让畏缩,更不是提倡夹着尾巴做人。当别人的挑衅涉及你做人的尊严时,你应当理直气壮地加以维护,面对毫无原则的人和事,你应当毫不留情地坚决给以拒绝和抵制。

多一份克制,少一份冲动吧,你会觉得天宽海阔,游刃有余。学会克制就会使生活之树常青,事业之树常青。

制怒

有些人脾气不好，遇事急躁冲动，叫骂发火，迁怒于人。这种坏脾气对于交际活动有很大的破坏作用，很易带来不良后果，把人际关系搞糟。下举一例：有位售货员在家里与爱人拌了嘴，心气不顺，上班后看谁都不顺眼。顾客叫她三声她都不予理睬，顾客又大声叫她拿商品，她发起火来："叫什么叫什么？我又不聋！"顾客无端受辱，自然不买账，厉声回击，于是两个人吵了起来。结果这位售货员被辞退。事后，她后悔地说，都怪自己脾气不好，遇到事情火气就直冲脑门儿，控制不住自己。

在现实生活中，类似这种因脾气性情不好而引发争端的事并不少见。事实上，谁都有不顺心的时候，如果是自己独处，不与人交往也没有什么。问题是当人们面对交际者时，坏脾气就会像一把邪火，把对方激怒，从而破坏良好的交际气氛，最终使一切美好的东西化为泡影。因此，在交际中有意识地控制坏脾气，尤其不要随意把火气撒到他人身上，这对于谋求积极的交际效果是十分必要的。

要控制自己的坏脾气，首先需要加强思想修养，提高思想水平，真正认识到不良脾气对于人际关系的危害性，从思想上自觉约束自己，从根本上解决问题。在此基础上，还应提高自我控制能力，在交际过程中采取一些措施，有效地控制不良脾气，使自己始终保持理智状态。为此应注意以下几个方面：

不要在气头上投入交际。为了防止情绪失控，当自己心气不顺时，最好不要立即投入交际，而是让自己独处一会儿，进行自我"冷却"，整理好自己的心绪，缓冲一下，而后再投入交际。一般情况下，坏脾气是一种瞬间发生的情绪，如果躲过这一瞬间，人们就会恢复常态，变得心平气和。因此当预感到自己怒火攻心时，不妨让自己单独待一会儿，或换一个环境，只要经过几分钟时间的心理调节，邪火就会排除，心情就会由冲动转化为平静，使理智得以恢复，那时的表情言行就会得体许多。

有一位厂长就是这样，他脾气不好，在气头上很难自控，少不了对人发火。后来他有意识地采取自我冷却法，收到较好效果。有一次，他因一部下工作失误十分生气，怒火攻心。正好这个部下前来向他汇报工作，他立即让秘书请他先到会客室等候，自己则在办公室里静静坐了几分钟，调整自己的情绪，让火气消退下去。当他出现在部下面前时，已是面带微笑，像什么事情也没有发生似的。本来准备挨批的部下松了一口气，主动检讨了自己的问题。

选一条具有警示作用的座右铭。对于不良心绪的控制还可以通过自我心理暗示的方式来实现，比如选择简短明了的词语警句作为座右铭，或置于案头，或高悬墙上，或牢记心头。在关键时刻，看一眼，念一遍，这时警策语言就会形成积极的心理暗示，在心里筑起一道“防火墙”，把不良情绪挡住，不使其发泄出来，从而达到自控的目的。

比如，有的人效仿林则徐在墙上高悬“制怒”二字，当自己不冷静并要对人发脾气时，抬头看一眼，立即就警觉起来，强制性地压抑不良心绪，避免坏脾气的爆发。有一位经理针对自己的坏脾气，设立了一句座右铭：“对人发火是无能的表现。”每当要发火时，他立即在心里默念一遍，并责问自己：“难道你想当一个无能的领导吗？”于是，理智战胜了冲动，怒火即刻退去。

请他人及时配合提醒。有些人知道自己的自控能力差，为了防止自己一不留神而放“炮”，就事先与人达成默契，如请同事或身边人在关键时刻提个醒儿，打一下“预防针”，帮助自己“急刹车”，同样可以对不良情绪进行有效控制。

有一位家长性子急，脾气不好，发起火来很吓人，孩子很怕他。他知道自己的问题，就交给妻子一个任务，让她在自己想要发火时“拉拉袖子提个醒”。有一次，因孩子学习不好，写作业不仔细，他检查出问题，刚要发火时，妻子立即在身后拽拽他的衣角，递过来一个眼色。他领会到了，立即启动自我预警系统，强压怒火，态度温和了许多，火气没有发出来。过后，他才心平气和地与孩子交换看法，指出问题，收到了较好的教育效果。

最后需要指出的是，即使采取了上述自控方法，有时也不一定能完全避免发火。如果出现了这种情况怎么办？我们应严格要求自己，不能放纵自己，也不要文过饰非，最好在平静下来之后，及时向对方真诚地道歉，请求谅解，进行必要的补救。这样做，既可以弥补自己的过失，不至影响工作和人际关系，同时也能通过严格自责，吸取教训，改变自己的坏脾气。

获得友谊的条件

渴望有知心朋友，但常感到自己不合群，与人交往没有自信心，怎么办？爱因斯坦说过，世间最美好的东西，莫过于有几个头脑和心地都很正直的朋友。你渴望有知心朋友，但又感到自己不合群，这可能有以下几方面的原因：

你的性格是否过于清高。心理学的研究表明，具有抑郁型气质特征的人，一般比较敏感，可以观察到一些常人不易觉察的细微之处，但通常较孤僻，对事情缺乏主动性。如果不能把握和控制自己，就容易形成清高的性格，瞧不起他人，不愿意与别人接触。

你是否很封闭自己，是个内向型的人。心理学研究表明，内向型性格的人好思考不好言谈，好观察不好表露，好独处不好交往，对事物认识深刻，但有些人容易向清高发展，以自我为中心。

你在与人的交往中是否对别人要求过高。都是食人间烟火的普通人，每个人身上都既有优点，也存在着缺点。你是否对别人的缺点缺乏宽容的态度，期望得过高。

你的兴趣、爱好是否贫乏。你不合群，是否因为和别人没有共同的话题，比如说昨晚电视转播了一场球赛，今天大家在一起热烈地谈论，而你对球赛不感兴趣，与别人也就无从谈起。

要想获得友谊，你首先要树立信心，针对上面几个原因来寻找解决的办法：

1. 要注意把握和控制自己，放下清高的架子，这样才能和别人融合到一起。心理学的研究表明，人与人之间的情感总是在“主动”中才能深化的。所谓主动，就是你主动接近别人，别人才会愿意接近你；你自恃清高，孤芳自赏，别人也不愿意接近你，甚至会对你产生反感。

2. 不要过于封闭自己，要和别人多进行一些思想上、学习上的交流，把自己对一些问题的观点、意见告诉别人，相互进行探讨。你要知道，知心是相互的，只要你对别人敞开心扉，别人也会对你敞开心扉，才会互相了解，才会发展友谊。

3. 要多一些宽容。你在宽容别人身上缺点的同时，应看到别人身上的优点，这样才能赢得别人的友谊，同时也要清楚地认识自己身上的缺点和不足。古人说得好，“水至清则无鱼，人至察则无徒”。明白了这个道理，你就会多一些宽容，多一些真诚，也就多一些友谊了。

4. 要发展自己的爱好，丰富自己的生活情趣。对别人所共同关心的话题留心注意，并提出自己的真知灼见，你会得到别人的赞誉。

做一个有耐心的人

望着那位老人不灵巧的手指慢慢地一个一个数着硬币，站在结账队伍里的我不耐烦地在动来动去，恼怒地叹了口气。听到我的叹气声，他满脸歉意地笑了——一种由于自己年老迟钝而耽误他人时感到不好意思的勉强笑容。

我感到后悔了，我设身处地想一想，意识到自己总有一天也会处于同样的境地。我拍了拍他打褶的衣袖，“别紧张，”我说，“不用急。”

我想到自己有多少次表现出不耐烦来：绿灯一亮就开始按喇叭，对反应慢的人尖刻地说话，这样做有坏处吗？是的。当你不耐烦时，你很容易表现得粗鲁。这样的行为使得别人生气，甚至反感。

我决定要变得耐心些，想出了各种办法使自己在焦虑之中平静下来。我不敢说这些办法把我变成了一个有耐心的楷模，但确实帮助我消除了生活中的一些不耐烦情绪，在大部分场合控制住了自己。

为差错留有余地。一位朋友通过了一份重要的新工作的面试，现在只需让公司总裁见一见他的妻子了。

6 点钟，我的朋友和他的妻子已坐在去纽约的地铁里，7 点钟是见面的时间。可到了 7 点钟，他们还坐在地铁里，道路被一辆翻倒的列车堵塞了。当他们终于赶到总裁所住的宾馆时，总裁已经走了，没有留下任何话。第二天他也不愿接受任何解释。“你应该考虑到路上的耽搁。”总裁说。

没有耐心的人不愿意浪费时间，因此他们把时间卡得过紧。他们精确地计算一次旅行或者一次任务要花多少时间，而不考虑到发生耽搁或意外事件的可能性。然而，最好是为差错留出余地，你要赴的约会越重要，你就越应该多预留些时间。如果某个约会是绝不能错过的，那就值得为它花去多得让你感到荒谬的时间。

摆正各种事情位置——我已经学会了问自己:“可能发生的最坏的事情是什么?” 如果回答是我将错过电影开头的演员表部分或者球赛的开场,我就会平静下来。摆正各种事情的位置能够让你放松下来。

幽默能够奏效——想办法把不愉快的处境变成一个能逗乐你的家人和朋友的有趣的故事。试图让你自己成为旁观者,这样使得你能够在遇到耽搁时有办法控制你的不耐烦情绪。

事先考虑——一天晚上我认识的一个人准备去周末旅行,但她的汽车发动不了了,而三位朋友正在一条街的拐角处等待她开车来接。她没有办法和他们取得联系,当她一个小时后终于来到时,他们已经冻得发抖、心急如焚了。听了她的尴尬经历之后,我就总是安排在能够联系上的地方与别人会见,以防有耽搁的事情发生。这样使得我在事情出错时能变得有耐心多了。

如果不是饥饿、干渴、燥热、寒冷或急着洗澡,交通阻塞就不那么惹人烦躁,我以前曾觉得一位阿姨很好笑,因为她如果不带上一盒全麦饼干,就不会开车去任何地方。可是,去年夏天当我和一位朋友到海边的朋友那里度假时,我开始佩服她的智慧了。我们上午 11 点出发。本来开车 2 个小时就能到达,但我们直到晚上 7 点才到。一辆载着蛋黄酱的卡车翻倒了,把公路上弄得油腻不堪,车开不过去了。如果说什么时候需要耐心,那天是最需要的了。幸好,我们带了一个香蕉味大面包和一只胡萝卜蛋糕给女主人做礼物。当我们到达主人家时,两样东西都已经吃掉了许多。不过,比起迟到加挨饿,我们还不算太疲惫。

做好准备——在机场候机是现代生活中最折磨人的事情。一天早上,我在一座国际机场里望着雨水沿玻璃窗奔流而下。这时走来了一个人,他从口袋里掏出一份猜字游戏,问我愿不愿意玩。在飞机延误的 4 个小时里,我们高兴地玩着。在我们附近,一个男子在用膝上电脑工作;一位妇女有条理地浏览了一大叠目录,并折记了页脚,填写了订购单。最没有耐心的人是那些在候机区里来回走动、大声抱怨的人和那些无事可做、只会往自动售货机里投币的人。

我现在总是假设自己可能遇到一次耽搁,所以我总会带着一本简装书。

发挥想象力——如果你太烦躁，没法清楚地思考，那么就发挥想象力,把自己带到一个你喜爱的地方。“当我感到自己太紧张时,”一位朋友说,“我就想象着自己正在河岸边一处平静的地方，这样总能帮助我赶走躁动紧张的情绪。”

享受当前这一刻——我认识一个人，他总是迫不及待地做下一步的事情。比如我们工作之余相约一起喝点酒,他谈论的第一件事就是到哪里去吃饭;吃饭时,他匆匆忙忙地吞咽下甜点,急着去看电影;在看电影时,最后一幕还没有结束,他就已经起身离开了;在开车回家的路上,他已经在为第二天、下一个星期或者明年做计划了。

他从来没有生活在此时此地。结果,他享受不到生活。

也许控制住烦躁情绪的最后一招是检查一下这种情绪是否由自己引起。你是不是情愿给予孩子们学习的时间,或者给予行动迟缓的人们完成一件事的时间？如果只是偶然的不耐烦,那么你的恼怒就会过去。

但如果你几乎总是急躁不安,那么你也许是觉得自己太重要了,等待不了任何人或任何事。

你当然没有这么重要,我们谁也没有这么重要。如果我们能够接受这一点,即这个世界是供我们去体会的,而不是为我们提供方便的,我们就会过得更平和些,更耐心地对待生活中的变迁,使自己成为别人的也是自己的更好的伴侣。

与他人和谐相处

1.说话和气:在情绪稳定的正常情况下,只要你在说话前稍加注意,就能做到说话和气。要使自己说出的话产生感召力,达到融洽关系、平和相处的目的,很大程度上取决于你说话的质量。说话质量的优劣又与说话的声调、语气有很大的关系。同样的一句话,用不同的语调说出来,效果就大不一样。

2.面带微笑:笑是每个人不花任何代价随时都可以表现出来的。微笑是祥和的花絮、友善的信号,也是一种宝贵的精神财富。在彼此相交中,时时给人一个温馨、善意的微笑,往往可以优化交往质量,给你带来意想不到的快乐。

3.以诚相待：以诚相待可以成为友谊的纽带和桥梁。俗话说："诚实无欺，做人根基。"离开了真诚，则无所谓友谊可言。一个真诚的心声，往往能唤起一大群真诚人的共鸣。以诚相待成为现代人处事交往的重要原则，只有说真话、办实事，才能优化你的人格形象。

4.主动热情：主动热情是浇灌友谊之花的甘露。在社交中，冷漠、敷衍、搪塞的态度，只能让人反感，拉大心理距离。只有将主动热情先施于人，友谊的甘露才会滋润人们的心田，结出丰硕的友谊之果。

5.学人之长：学人之长是衡量一个人教养、涵养与修养的一把尺子。专挑别人的缺点，不容人的人，他也不会被别人所宽容；善于发现和学习他人之长的人，他身上的长处也最多。因此，在与人相处中，多想想别人的长处、优点，既能优化自己的心理素质，又能与人和睦相处。

6.不嘲笑人：人各有所长，也各有所短。在与人相处中，切记不能随意拿别人的短处或缺陷开心，嘲笑别人。一个不尊重他人、随意伤害他人人格的人，实质上是对自己的极大不尊。即使别人由于自己的过失处在窘境之中，也要给人面子，让他下台阶，主动帮助他缓解尴尬的局面。

7.为人着想：社会心理学的研究结果证明，一个人要想得到别人的信赖，一种有效的方式就是着眼于对方的利益。如果我们在与他人相处中，善于为他人着想，善于关心他人的利益，就会赢得人心。

8.有求必应："人字结构是互相支撑"、"世界很小，是个家庭"等都是耐人寻味的哲理名言。现代社会的每个人都是社会系统中的一个小齿轮，互相之间都有所求。只有相互依赖、相互协助、相互负责任，才会使事业获得成功。有求必应是当代社会的一种时尚。

9.一视同仁：在现实生活中，常常有些人见到比自己强的人就巴结，见到比自己弱的人就欺凌，这种奴性意识令人生厌。与人相处，无论尊卑穷富，都应一视同仁；平等待人，这是一个人成就大事、受人拥戴的必备素质，也是心理健康的具体表现。

10.自知之明：俗话说："知人者智，知己者明。"要准确地评价自己，就非有自知之明不可。在与人相处中，一个人应力求比较正确地认识自己和对待自己。千万不要炫耀自己，即使受到别人赞扬时，也要冷静对待，不能得意忘形，只有如此，才能真正赢得人们的敬佩与好感。

诚实的分量

有人曾说过这样一则关于诚实的故事：

小时候家里有一片茶园，每逢周末，我就跟着妈妈去集市上卖茶叶。后来，妈妈染上了重病，再也不能去卖茶叶了，家里的状况也越来越糟，好长时间连买一斤肉的钱也省不出来。于是，我决定单独去卖茶叶。临走时，妈妈撑着病恹恹的身子虚弱地靠着门交代我："小玫，卖了茶叶，记着买点肉回来。"

我在集市上"守株待兔"地摆了大半天地摊，很少有人问津。偶尔有人想要时，又怀疑茶叶不够斤两。我就照直说："包装袋上标明 500 克，实际上是 400 克。"尽管我诚心诚意，可人家听了我的话后反而抬腿就走。眼看太阳快下山了，而我篮子里的茶叶一包都没动，我慌了，便提着篮子去推销，一路问到菜市场，也没卖出一包，我沮丧极了。

在一个卖肉的摊位前，我站住了："师傅您要茶叶吗？清明茶哩。"

那师傅手一挥："不要。"我又大着胆子问："要不，就拿我的茶叶换你的肉，好吗？"

那师傅朝我一望："怎么换？"

我一听有希望，忙说："我的茶叶一斤 12.5 元，肉 5 元一斤，是吧？就一袋茶叶两斤肉，怎么样？"

那师傅动心了，接过我的茶叶，看了看，又用手掂了掂，盯着我问："够不够斤两？"

"你有秤，最好称称看……"没容我说清楚，一个妇女走过来买肉，打断了我的话。那师傅也顾不上理我，手脚麻利地砍了肉，过秤后装在她的篮子里。妇女付了钱后正要走，看到了我篮子里的茶叶："这茶叶看起来蛮好，多少钱一包？"

"一斤 12.5 元，一包 10 元。"我说。

那妇女便拿了两包茶叶看了后又掂了掂，然后递给卖肉的师傅说："你称一下看。"我正要解释，不料卖肉师傅放在秤上一称，肯定地告诉那女人："你看，一包 500 克，足量！你就买个放心吧。"

我一听，愣住了。想想不对劲，显然，卖肉师傅的秤有问题。

我不知从哪儿来的勇气,对他们说:“不对,我的茶叶只有400克。”

他们俩都愣住了。片刻后,那妇女将篮子里的肉甩在案板上,冷冷地说:“给我退钱!”

卖肉的师傅狠狠地白了我一眼,无奈地退了钱。那女人接过钱,对我说:“小姑娘,你很诚实。跟我走吧,你的茶叶我全要了。”

我跟着妇女来到了她的土产公司,进了办公室后,她对我说:“小姑娘,我想收购你的茶叶,货多吗?”

我惊呆了,连忙点头。

她接着说:“你有多少我要多少,但要换上名副其实的包装袋。做生意以诚为贵,这一点你比我更懂。”

因为诚实,我差点儿卖不出一包茶叶,甚至心灰意冷想要动摇我的诚实;也因为诚实,茶叶有了销路,从此家里的境况大有好转。

失误,不应该成为虚伪的借口

一位记者在访问英国诺丁汉大学校长、原复旦大学校长杨福家院士时,杨福家院士讲了这样一个故事:美国波士顿大学曾聘请了一位十分著名的教授为传播系主任。这个教授在一次讲课时,讲了一段十分精彩的话,而这段话是他从其他地方看到的,本来他是要交代这段话的出处的,但教授刚讲完那段话,下课铃就响了,教授便下课了。西方的许多著名大学都要求学校的每个老师和学生不能以任何形式剽窃别人的成果,即使是老师在上课时所讲的内容,如果引用了别人的话,都必须明确指出,如果不指出,便被认为是一种不诚实,是一种剽窃行为。所以,当这个教授下课后,有一个学生便向校长反映,说那个教授在上课时用了某个杂志上的话,但却没有交代出处。校长便找到这个教授核对,那个教授承认了自己的失误,便立即提出辞职。由于其他教师的挽留,最后学校决定只撤销他的主任职务。第二天,这个教授上课时,第一件事就是向学生道歉。

在我们看来,这也许是小题大做。何况那个教授并不是存心不想交代那段话的出处,实在是因为下课了他没有来得及说。再说,就是这个教授说了那段话不是自己的,也不会对他有什么影响,他为什么要故意不说呢?再退一步说,即使不说出出处,那又有什么关系呢?但是,学生反映了这个很小的问题，校长还是十分重视，即使知道了这个教授不是故意不作交代，校长还是撤了他的主任职务。而这个教授呢？他在校长找他的那一刻，便已经认识到自己的疏忽犯了大错，他在那一瞬间便觉得自己不配在这里为人师了，所以他立即提出了辞职。最后因为同事们的挽留，他虽然留了下来，但仍觉得错在自己，所以在第二天上课时，第一件事情就是向他的学生真诚地道歉。因为他明白：失误，不能成为原谅自己的原因。

在这件事情中，无论是那个学生还是校长，抑或那个失误的教授，都表现出了一种对虚伪的厌恶，对诚实的追求。那个学生并不因为教授有名气便原谅他的不诚实，哪怕他并不是故意的；校长也并不因为这个教授有名气，便原谅他的失误；教授也不因为失误，便找种种借口原谅自己。其实，学生、校长和教授，所不能容忍的不是这件小事，而是不能容忍哪怕是半点的虚伪，无论这种虚伪来自有意还是无意。因为他们认为，如果容忍了即使是无意的虚伪，也是对真诚的一种亵渎。

读到这个故事时，我内心震动很大。因为在我们的生活中，有很多虚伪的东西存在。最近，我在《中华读书报》上就读到过好几篇揭发著名教授抄袭别人成果的文章。但是，抄袭者非但不承认错误，反而多方辩解，甚至对揭发者进行人身攻击。这种背着牛头不认赃的行为，是多么可悲啊！

做人，无论在怎样的情况下，都应该真诚，不应当虚伪，这是每个人都明白的道理。可是我们生活中却有很多不尽如人意的现象存在。这也许是我们久久不能有大进步的原因所在。当我读了那个教授的故事后，我觉得我们只有不断地清理自己的心灵，让自己的内心深处多一些真诚，少一些虚伪，才能成为一个真正大写的人。我们应该向那个指出教授不诚实的学生报以敬意，我们应该对那个校长给予赞扬，当然，我们更应该向那个不因为失误而宽容虚伪的教授致以崇高的敬礼。

失误，不应该成为虚伪的借口。

自私往往使美好变成邪恶

从前，有两位很虔诚也很要好的教徒，决定一起到遥远的圣山朝圣，两人背上行囊，风尘仆仆地上路，誓言不达圣山朝拜绝不返家。

两位教徒走啊走，走了两个多星期之后，遇见一位白发年长的圣者。

圣者看到这两位如此虔诚的教徒千里迢迢要前往圣山朝圣，就十分感动地告诉他们："从这里距离圣山还有十天的路程，可是很遗憾，我在这十字路口就要和你们分手了。但在分手前，我要送给你们一个礼物。什么礼物呢？就是你们当中一个人先许愿，他的愿望一定会马上实现；而第二个人，他就可以得到那愿望的两倍！"

此时，其中一教徒心里想："这太棒了，我已经知道我想要许什么愿，但我不要先讲，因为如果我先许愿，我就吃亏了，他就可以有双倍的礼物！不行！"而另外一个教徒也自忖："我怎么可以先讲，而让我的朋友获得加倍的礼物呢？"

于是，两位教徒就开始客气起来。

"你先讲！"

"你比较年长，你先许愿吧！"

"不，应该你先许愿！"

两位教徒彼此推来推去，"客套地"推辞一番后，两人就开始不耐烦起来，气氛也变了。

"你干吗？你先讲啊！"

"为什么我先讲？我才不要呢！"

两人推到最后。其中一人生气了，大声说道："喂，你真是个不识相、不知好歹的人啊，你再不许愿的话，我就把你的狗腿打断，把你掐死！"

另外一人一听，没有想到他的朋友居然变脸，竟然来恐吓自己！于是想，你这么无情无意，我也不必对你太有情有义！我没办法得到的东西，你也休想得到！于是，这个教徒干脆把心一横，狠心地说道："好，我先许愿！我希望我的一只眼睛瞎掉！"

很快地，这位教徒的一个眼睛就瞎掉了，而与他同行的好朋友，也立刻两个眼睛都瞎掉了！

坏念头不可要

一位父亲正在院子里干活，他的儿子帕科放学以后，气冲冲地回到家里，进门以后使劲地跺脚。看到帕科生气的样子，父亲就把他叫了过来，想和他聊聊。

帕科不情愿地走到父亲身边，气呼呼地说："爸爸，我现在非常生气。华金以后甭想再得意了。"

父亲一面干活，一面静静地听帕科说："华金让我在朋友面前丢脸，我现在特别希望他遇上几件倒霉的事情。"

父亲走到墙角，找到一袋木炭，对帕科说："儿子，你把前面挂在绳子上的那件白衬衫当做华金，把这个塑料袋里的木炭当做你想象中的倒霉事情，你用木炭去砸白衬衫，每砸中一块，就象征着华金遇到一件倒霉的事情。我们看看你把木炭砸完了以后，会是什么样子。"

帕科觉得这个游戏很好玩，他拿起木炭就往衬衫上砸去。可是衬衫挂在比较远的绳子上，他把木炭扔完了，也只有几块砸到衬衫上。

父亲问帕科："你现在觉得怎么样？"

他说："累死我了，但我很开心，因为我扔中了好几块木炭，白衬衫上有几个黑印子了。"

父亲看到儿子没有明白他的用意，于是便让帕科去照照镜子。帕科在一面大镜子里看到自己满身都是黑炭，从脸上只能看到牙齿是白的。

父亲说："你看，白衬衫并没有变得特别脏，而你自己却成了一个'黑人'。你想在别人身上发生很多倒霉事情，结果最倒霉的事却落到自己身上了。有时候，我们的坏念头虽然在别人身上兑现了一部分，别人是倒霉了，但是它们也同样在我们身上留下了难以消除的污迹。"

帕科如梦初醒。

相信善良

有一个人因为一场意外，耳朵受到创伤，听不到任何声音，他原先的工作已不能胜任。为了生存，他又多次寻找工作，都因为他是个聋子而没有成功。

在残疾人管理部门的关心下，有一家电台愿意聘用他，工作是管理资料室的静态资料。这里的工作环境很清静，少与人打交道，这很适合他，他对这份工作十分珍惜。

但是随着电台之间的竞争越来越激烈，记者们势必要提高稿件质量，他所在的资料室也便成为记者们经常光顾的地方。他由于听力丧失，给工作上的沟通带来了障碍和难度，不仅延误了工作，而且也出了不少差错。同事们的抱怨使主管不得不重新考虑给他安排新的工作。

他十分喜欢这份工作，他到主管那儿表示，愿意努力提高准确率，让主管再给他一次机会。看到主管复杂的表情，他的心凉了。他觉得自己将要失去这份工作了，他看到同事们经常背着他说话，并且也不那么和善了。以前他们有什么活动，一般也通知他参加，可是近段时间以来，他们在下班后总是不和他打招呼。

有一天晚上，他决定到电台去整理一下自己的东西。推开大门时，他发现他的同事全在那儿，他们不是在聚会，而是在听一个老师讲手语，连主管也在认真学习。

同事们为了能更好地与他沟通，每个人都放弃了休息时间，认真学习哑语来与他更好地交流，以配合他的工作。为了不调他走，同事们做出了很多的牺牲。

任何善恶的念头，在未变成行动和事实之前，其实在心中早已存在了。有句话叫做“心在天堂源于善”，一个善良的人会比别人从生活中发现更多善良的东西。这世界并不缺乏爱，缺乏的往往是一颗善良的心。人确实需要一颗善良的心，需要一种由善良而滋生的宽容、大度与淡泊的情怀，这样，就会把世界看得美好。当善良之花开在心灵深处的时候，一切尘世间的烦恼、纷争、误解都将灰飞烟灭，化作一种春风化雨般的温润。

人生最好的教育

一个青年来到城市打工，不久，因为工作勤奋，老板将一个小公司交给他打点。他将这个小公司管理得井井有条，业绩直线上升。有一个外商听说之后，想同他洽谈一个合作项目。谈判结束后，他邀请这位也是黑眼睛黄皮肤的外商共进晚餐。晚餐很简单，几个盘子都吃得干干净净，只剩下两只小笼包子。他对服务小姐说：“请把这两只包子装进食品袋里，我带走。”外商当即站起来表示明天就同他签合同。第二天，老板设宴款待外商。席间，外商轻声问他：“你受过什么教育？”他说：“我家很穷，父母不识字，他们对我的教育是从一粒米、一根线开始的。父亲去世后，母亲辛辛苦苦地供我上学。她说俺不指望你高人一等，你能做好你自个儿的事就中……”在一旁的老板眼里渗出亮亮的液体，端起酒杯激动地说：“我提议敬她老人家一杯——你受过人生最好的教育！”

一个人受过苦，便知道珍惜；一个在贫寒中长大的人，不会不知道勤俭的重要；一个自小就知道努力做事的人，不会不对自己和他人负责……

贫穷并不可怕，可怕的是人在贫穷中什么也学不到，并进而失去做人的尊严。

一个相貌平平的女孩，在一所极普通的中专学校读书，成绩也很一般。她得知妈妈患了不治之症后，想减轻一点家里的负担，就希望利用暑假这两个月的时间挣一点钱。她到一家公司去应聘，韩国经理看了她的履历，没有表情地拒绝了她。女孩收回自己的材料，用手掌撑了一下椅子站起来，突然觉得手被扎了一下，看了看手掌，上面沁出了一颗红红的小血球，原来椅子上有一只钉子露出了头。她见桌子上有一条镇纸石，于是拿来将钉子敲平，然后转身离去。可是几分钟后，韩国经理却派人将她追了回来，她被聘用了。

一个在爱中长大的人，他最好的回报也是爱。当爱促使一个人去做他很难做到的事情时，这足以证明爱的力量！而在一件很小的、与自己无关的事情上也能体现出对别人体贴和关心的人，他所受到的爱的教育无疑是成功的。

有一个岗位需要招人，先后来了 4 位应聘者。在招聘条件一栏中，有一项是必须具备 2 年以上的工作经验。前 3 位应聘者都称自己有类似的工作经验，但面对应聘者的考问，他们很快显示出自己对这一行的无知。最后来了一位男学生，他坦率地对招聘者说，自己不具备这方面的工作经验，但对这项工作很感兴趣，并且相信自己经过短暂的实践后可以胜任它。

招聘者毫不犹豫地录用了他。此后他和那个招聘者曾经有过一段对话，那个招聘者说，有很多求职的人在介绍自己的情况时并不诚实，而他为什么能够诚实相告呢？他说小时候有一次捡了钱，奶奶问他时，他撒了谎，奶奶朝他的屁股上重重地打了一下，然后告诫他：“穷不可怕，只要你诚实，你就有救！”

他说他永远记得奶奶说的这句话。试想一个不敢正视自己的不足，只能依靠欺骗来取得众人信任的人，他能行得远吗？

一个诚实的人，其实是最需要勇气的。他必须敢于面对事实和真理，在别人含含糊糊、唯唯诺诺的时候，勇敢地说出真相。

诚实比一切智谋都好，而且它是智谋的基本条件。

第二章

心态决定成败

为什么有些人就是比其他的人更成功，而许多人忙忙碌碌地劳作却只能维持生计? 其实,人与人之间并没有多大的区别。一个人能否成功,关键看他的心态。成功人士始终用最积极的思考、最乐观的精神和最宝贵的经验来支配和控制自己的人生。失败者则刚好相反，他们的人生最容易受过去的种种失败与疑虑的引导和支配。

一切都将会过去

古希腊有一位国王，拥有至高无上的权势、享用不尽的财富，但他并不快乐。他可以主宰自己的臣民，却难以操控自己的情绪，种种莫名其妙的焦虑和忧郁不时让他闷闷不乐、寝食难安。

于是，他召来了当时最负盛名的智者苏菲，要求他找出一句人世间最有哲理的箴言，而且这句浓缩了人生智慧的话必须有一语惊心之效，能让人胜不骄、败不馁，得意而不忘形、失意而不伤神，始终保持一颗平常心。苏菲答应了国王，条件是国王将随身佩戴的那枚戒指交给他。

几天后，苏菲将戒指还给了国王，并再三劝告他：不到万不得已，切勿轻易取出戒指上镶嵌的宝石，否则，它就不灵验了。

没过多久，邻国大举入侵，国王率部拼死抵抗，但最终整个城邦沦陷于敌手，于是，国王四处亡命。

有一天，为逃避敌兵的搜捕，他藏身于河边的草丛中，当他掬水解渴，猛然看到自己的倒影时，不禁伤心欲绝——谁能相信如今这个蓬头垢面、衣衫褴褛的人，就是那个曾经气宇轩昂、威风凛凛的国王呢？

就在他双手掩面欲投河轻生之际，他想到了戒指。他急切地抠下了上面的宝石，只见宝石里侧镌刻着一句话——这也会过去！

顿时，国王的心头重新燃起希望的火花。从此，他忍辱负重、卧薪尝胆，重招旧部并东山再起，最终赶走了外敌，赢回了王国。

而当他再一次返回王宫后，所做的第一件事便是将“这也会过去”这句五字箴言镌刻在象征王位的宝座上。

后来，他被誉为最有智慧的国王而名垂青史。据说，在临终之际，他特意留下遗嘱：死后，双手空空地露出灵柩之外，以此向世人昭示那句五字箴言。

上帝是公平的

欧洲某国的一位著名的女高音歌唱家，仅仅 30 岁就已经誉满全球，而且她拥有一位如意的郎君和一个美满幸福的家庭。一次在举行完一场成功的音乐会后，歌唱家和丈夫、儿子被一群狂热的观众团团围住。人们七嘴八舌地与歌唱家攀谈起来，赞美与羡慕之词洋溢了整个会场。

有的人恭维歌唱家少年得志，大学刚毕业就走进了国家级剧院，成了一名主要演员；有的人恭维歌唱家25岁就被评为世界十大女高音之一，年轻有为；也有的人恭维歌唱家有一个优秀的丈夫，而膝下又有一个活泼可爱的小男孩。

在人们议论的时候，歌唱家只是静静地听，什么也没有表示。当大家把话说完后，她才缓缓地说："首先我要谢谢大家对我和我家人的赞美，我希望在这些方面能够和你们共享快乐。但是，你们只看到了一面，还有另一面你们没有看到，那就是你们夸奖的活泼可爱的小男孩，不幸是一个不会说话的哑巴，而且他还有一个经常要被关在屋里的精神分裂的姐姐。"

人们震惊了，你看看我，我看看你，似乎很难接受这样的事实。这时，歌唱家又心平气和地对人们说："这一切说明什么呢？恐怕只能说明一个道理，那就是，上帝是公平的，给谁的都不会太多。"

善于发现别人的长处

英国前首相威尔逊曾与一个小孩有过一件趣事。

有一天，威尔逊为了推行其政策，在一个广场上举行公开演说。当时广场上聚集了数千人，突然从听众中扔来一个鸡蛋，正好打中他的脸。安全人员马上下去搜寻闹事者，结果发现扔鸡蛋的是一个小孩。

威尔逊得知后，先是指示属下放走小孩，后来又马上叫住了小孩，并当众叫助手记录下小孩的名字及其家里的电话与地址。

台下听众猜想威尔逊是不是要处罚小孩，于是开始骚乱起来。

这时威尔逊对大家说："我的人生哲学是要从对方的错误中去发现我的责任。方才那位小朋友用鸡蛋打我，这种行为是很不礼貌的。尽管如此，身为大英帝国的首相，我有责任为国家储备人才。那位小朋友能够从下面那么远的地方将鸡蛋扔得这么准，证明他可能是一个很好的人才，所以我要将他的名字记下来，以便让体育大臣注意栽培他，使其将来能成为我国的棒球选手，为国效力。"

威尔逊的一席话把听众都说乐了，演说的场面也更加融洽。

永不放弃希望

美国的海关里，有一批没收的脚踏车，在公告后决定拍卖。拍卖会上，每次叫价的时候，总有一个10岁出头的男孩喊价，而他总是以5块钱开始出价，然后眼睁睁地看着脚踏车被别人用30、40元买去。拍卖会暂停休息时，拍卖员问那小男孩为什么不出较高的价格来买。男孩说，他只有5块钱。

拍卖会又开始了，那男孩还是给每辆脚踏车相同的价钱，然后看着车被别人用较高的价钱买去。后来聚集的观众开始注意到那个总是首先出价的男孩，他们也开始观察会有什么结果。直到最后一刻，拍卖会要结束了。这时，只剩一辆最棒的脚踏车，车身光亮如新，有多种排挡、10段杆式变速器、双向手刹车、速度显示器和一套夜间电动灯光装置。

拍卖员问："有谁出价呢？"

这时，站在最前面而几乎已经放弃希望的那个小男孩轻声地再喊了一次："5块钱。"

拍卖员停止唱价，只是停下来站在那里。

这时，所有在场的人全部盯住这位小男孩，没有人出声，没有人举手，也没有人喊价。直到拍卖员唱价三次后，他大声宣布："这辆脚踏车卖给这位穿短裤白球鞋的小伙子！"

此话一出，全场鼓掌。当那小男孩拿出握在手中仅有的5块钱钞票，买了那辆毫无疑问是世上最漂亮的脚踏车时，他脸上流露出从未有过的灿烂笑容。

不要把困难放大

辛·吉尼普的父亲生重病的时候已经是60岁了，他仗着自己曾经是全州的拳击冠军，有着硬朗的身子，才一直挺了过来。

那天，吃罢晚饭，父亲把全家人召到病榻前。他一阵接一阵地咳嗽，脸色苍白。他艰难地扫了每个人一眼，缓缓地说："那是在一次全州冠军对抗赛上，对手是个人高马大的黑人拳击手，而我个子矮小，一次次被对方击倒，牙齿也出血了。休息时，教练鼓励我说：‘辛，你不痛，你能挺到第12局！’我也说：‘不痛，我能应付过去！’我感到自己的身体像一块石头，又像一块钢板，对手的拳头击打在我身上发出空洞的声音。跌倒了又爬起来，爬起来又被击倒了，但我终于熬到了第12局。对手战栗了，我开始了反攻，我是用我的意志在击打，长拳，勾拳，又一记重拳，我的血同他的血混在一起，眼前有无数个影子在晃，我对准中间的那一个狠命地打去……他倒下了，而我终于挺过来了。哦，那是我唯一的一枚金牌。”

说话间，父亲又咳嗽起来，额上的汗珠滚滚而下。他紧握着吉尼普的手，苦涩地一笑：“不要紧，才一点点痛，我能应付过去。”

第二天，父亲就咳血而亡了。那段日子，正碰上全美经济危机，吉尼普和妻子都先后失业了，经济拮据。父亲又患上了肺结核，因为没有钱，请不来大夫医治，只好一直拖到死。

父亲死后，家里境况更加艰难。吉尼普和妻子天天跑出去找工作，晚上回来，总是面对面地摇头，但他们不气馁，互相鼓励说：“不要紧，我们会应付过去的。”

后来，吉尼普和妻子都重新找到了工作。当他们坐在餐桌旁静静地吃着晚餐的时候，他们总要想到父亲，想到父亲的那句“我能应付过去”

再试一次

一个叫克里弗德的小伙子接到了瑞德公司的面试通知。面试那天，克里弗德精心地梳洗打扮了一番，又换了一条新领带，以祝福自己好运。上午10点钟，他走进了瑞德公司人力资源部。等秘书小姐向经理通报后，克里弗德静了静心，提着手提包来到经理办公室门前，轻轻地敲了两下门。

“是克里弗德先生吗？”屋里传出问询声。

“经理先生，你好！我是克里弗德。”克里弗德慢慢地推开门。

“抱歉，克里弗德先生。你能再敲一次门吗？”端坐在沙发转椅上的经理悠闲地注视着克里弗德，表情有些冷淡。

经理先生的话虽令克里弗德有些疑惑，但他并未多想，关上门，重新敲了两下，然后推门走进去。

“不，克里弗德先生，这次没有第一次好，你能再来一次吗？”经理示意他出去重来。

克里弗德重新敲门，又一次踏进房间。

“先生，这样可以吗？”

“这样说话不好——”

克里弗德又一次走进去：“我是克里弗德，见到你很高兴，经理先生。”

“请别这样。”经理依然淡淡说道，“还得再来一次。”

克里弗德又作了一次尝试：“抱歉，打扰你工作了。”

“这回差不多了，如果你能再来一次会更好，你能再试一次吗？”

当克里弗德第 10 次退出来时，他内心的喜悦和憧憬已消失殆尽，开始有些恼火。他心想，进门打招呼哪有这么多讲究？这哪是面试呀，分明是在刁难戏弄人。克里弗德生气地想转身离开，可刚走几步又停了下来。他想，不行，我不能就这样逃开，即使瑞德公司不打算录用我，也得听到他们当面对我说。

于是，克里弗德稍稍地舒了一口气，第 11 次敲响了门。这次，他得到的不是拒绝，而是热烈欢迎的掌声。克里弗德没有想到，第 11 次敲门，叩开的竟是一扇成功之门。原来，瑞德公司此次是打算招聘一名市场调查员。而一名优秀的市场调查员，不仅要具备学识素质，更要具备耐心和毅力等心理素质。这 11 次敲门和问候，就是考查一个人心理素质的考题。

如果你参观过开罗博物馆，你就会看到从图坦·卡蒙法老王墓挖出的宝藏，令人目不暇接。庞大建筑物的第二层楼大部分放的都是灿烂夺目的宝藏：黄金、珍贵的珠宝、饰品、大理石容器、战车、象牙与黄金棺木等等，巧夺天工的工艺至今仍无人能及。

如果不是霍华德·卡特决定再多挖一天，这些不可思议的宝藏也许仍在地下不见天日。

在多年后的一个冬天，卡特几乎放弃了可以找到年轻法老王坟墓的希望，他的赞助者也即将取消赞助。卡特在自传中写道：

“这将是我们待在山谷中的最后一季，我们已经挖掘了整整六季了，春去秋来毫无所获。我们一鼓作气工作了好几个月却没有发现什么，只有挖掘者才能体会这种彻底的绝望感；我们几乎已经认定自己被打败了，正准备离开山谷到别的地方去碰碰运气。然而，要不是我们最后垂死的一锤努力，我们永远也不会发现这远超出我们梦想所及的宝藏。”

霍华德·卡特最后垂死的努力成了全世界的头条新闻，他发现了近代唯一一个完整出土的法老王坟墓。

赢在执著

麦克是美国当代最伟大的推销员。

麦克的推销生涯，是从在一家报社当广告业务员起步的。当时，麦克从一开始便采取了与别的业务员截然不同的拉广告方式：别人总是哪儿容易拉到广告就往哪儿跑，麦克却专门给自己列了一份别人都招揽不成功的客户的名单，将他们作为自己的业务对象。而在正式去见这些别人都大摇其头的客户前，麦克总要先来到报社边上的一个公园里，把名单上的那个客户的名字念上 100 遍，然后这样对自己说："在本月之内，你将向我购买广告的版面！"

当然，实际情况远不是那么轻松简单。曾有那么一个商人，不管麦克如何做工作，在第一个月里，他就是一口拒绝买麦克的广告版面。为此，在第二个月里，每天早晨那商人的商店开门后，麦克就进去向这位商人请求，让他在自己所在的那家报社的报纸上做广告，而每次那位商人态度坚决地回答说"不"之后，麦克就默默离开，第二天照样继续前去……就这样，在这个月的最后一天，那位已经接连着对麦克说了 30 天"不"的商人，终于忍不住向麦克问道："你已经浪费整整一个月的时间来让我买你的广告版面，我很想知道的是，你究竟为什么要这样做呢？"

这时的麦克却回答说："不，我并没有浪费时间。这一个月中，我等于是在上学，而你就是我的老师——你一直在训练我的自信。"

听了这话，那位商人不禁点了点头，然后接着麦克的话感慨道："哦，我也得向你承认，这一个月时间里，我也等于是在上学，而我的老师则是你——你已经教会了我坚持到底这一课。毫无疑问，对我来说这是比金钱更有价值的，因此，为了向你表示我的感激，我决定买你的一个广告版面，当作我付给你的学费。"

麦克就这样成功了。显然，麦克这一成功的最大也最深远的意义，便是它充分地表明了自信是多么的重要。是的，相信自己能成功，并为之坚持不懈地去努力，这是一个人取得成功的最基本也是最可靠的保证。如果缺乏自信，如果连自己都怀疑自己，那么，即使成功就摆在你的眼前，你也终将因没有伸手去迎接而跟它失之交臂。

相信成功就在眼前

十多年前，在一个绘画班上，有个很有才气的小男生，因为愈画愈有兴趣，所以立志将来要作艺术家。

有一天，他对他爸爸说："爸爸，我将来要进美术系。"

啪！话还没说完，他爸爸就赏他一记耳光："你要饿死！"

他按着脸，不服气地说："人家刘老师，还不是美术系毕业，也没……"

啪！又是一记耳光："你又不是刘老师！"

小男生不敢多说了，乖乖听从父亲的指示，投考5年制的专科，学电机工程。

20年不见，今年春天，他曾经的同学突然接到他的电话，于是请他吃中饭。

现在的他，已经不是小男生，而是才35岁就在美国拥有几百位员工的"次老板"。

"幸亏那时候，你听了你父亲的话，要不然也不会有今天。"同学说。

他笑笑："你怎么不说，如果我没听我老爸的话，现在国际画坛上又多了一位大画家呢？"

当然也有许多就是不听话而坚持走自己路的例子。

像老牌影帝、曾获奥斯卡金像奖的詹姆斯·史都华特，当年从普林斯顿大学建筑系毕业，没当建筑师，却去参加一个"夏日剧场"，到处跑码头、演戏。

据说詹姆斯的父亲气得把鞋子摔到墙上。可是，詹姆斯成功了，连百科全书上都有他的小传。

更好的例子是美国微软公司创立者比尔·盖茨，他的父亲是著名律师事务所的合伙人，妈妈是老师。比尔·盖茨从小功课好，18岁就进哈佛大学。但是，19岁那年，盖茨居然自己申请退学，跑去搞电脑。

我常猜想当时他老爸、老妈的反应，最起码如果发生在我儿子身上，我会跳起来。

但是，比尔·盖茨如果当时不那么决定，可能会有"坐拥364亿美元电脑王国"的今天吗？

"我对某科有兴趣，我爸爸偏不准我念。"

"我不想考大学，想去创业，我爸妈就是不同意。"

"我只想把英语先念好，自己出国读书，不想在国内继续念下去。可是我妈坚持要我把大学读完。"

"我爱音乐，要跟朋友组个乐团，可是我爸说我要是那样，就跟我脱离父子关系。"

年轻朋友总有很多类似以上所说的烦恼。

我们都只有一生，选了这个，很可能就永远失去了那个。所以，你永远都可以在选了梨之后而去猜想如果挑苹果会更好，也可以在大家都赞美苹果的时候毫无遗憾地说："我仍然相信我的选择最正确。"只是，当那些已经尝过各种水果，有许多人生阅历，又深爱你的人对你说"挑苹果吧！不会错的"时，你是不是该听他的？还是坚持自己，始终无悔？

各位年轻朋友！对于你该听自己的还是听父母的，我只能说："问你自己！如果你还不能独立、不能坚持、不能无悔，那就最好别擅自'坚持'做你可能后悔的事。相反的，如果你认为自己有足够的信心，坚信自己能成为另一个比尔?盖茨，谁又能阻拦你呢？"

关于成熟与非成熟的断想

知人论世，纵观历史、横做比较的是成熟；以偏概全，仅凭一时一事定毁誉的是非成熟。

思想比眼睛看得远的是成熟；眼睛比思想看得远的是非成熟。

讲实际、求实效是成熟；喜排场、图虚荣是非成熟。

让感情装上理智的控制阀是成熟；让理智蒙上感情的有色镜是非成熟。

以不断超越自我为目的是成熟；处处与人争强斗胜是非成熟。

把智慧藏之于心、贯之于行动的是成熟；将"智慧"挂在嘴上、写在脸上的是非成熟。

筛选时髦的是成熟；包揽时髦的是非成熟。

为求发展而创新是成熟；以表现自己与众不同为目的而标新立异是非成熟。

以行动证明自己的是成熟；靠语言表白自己的是非成熟。

人前人后一张脸的是成熟；人前人后两张脸的是非成熟。

慎思却无畏是成熟；鲁莽却胆小是非成熟。

重诺守信是成熟；轻诺寡信是非成熟。

一心耕耘、不问收获的是成熟；奢望收获却不愿耕耘的是非成熟。

见落叶而知秋是成熟；听到风就是雨是非成熟。

坚信正义的力量是永恒的是成熟；迷信权术心计魔法无边的是非成熟。

在朝阳下耕种的是成熟；在夕阳下空想的是非成熟。

看重历史的评判是成熟；只顾眼前轰动效应是非成熟。

在子夜就看到黎明的是成熟；在黎明不知道子夜的是非成熟。

三步一计是成熟；一步三计是非成熟。

以人格力量和爱心取信于人的是成熟；企求靠甜言蜜语、小恩小惠讨好人的是非成熟。

大事讲原则，小事讲风格的是成熟；大事常糊涂，小事又计较的是非成熟。

立长志的是成熟；常立志的是非成熟。

有主见却不固执的是成熟；把独立思考与服从组织原则相对立的是非成熟。

从干小事起家，再干大事的是成熟；小事不愿干，大事干不了的是非成熟。

你不必完美

我们当然应该努力做到最好，但人是无法要求完美的。我们面对的情况如此复杂，以致无人能始终都不出错。

好几次，当我必须告诉我的孩子们我在某件事上做错了时，我多害怕他们不再爱戴我。但我非常惊奇地发现，他们因为我愿意承认自己的错误而更爱我。比较起来，他们更需要我诚实、正直。

我是从一个童话中得到启示的：一个被劈去了一小片的圆想要找回一个完整的自己，到处寻找自己的碎片。由于它是不完整的，滚动得非常慢，从而有机会欣赏沿途美丽的鲜花，和虫子们聊天，充分地感受阳光的温暖。它找到许多不同的碎片，但它们都不是它原来的那一块，于是它坚持着找寻……直到有一天，它实现了自己的心愿。然而，作为一个完美无缺的圆，它滚动得太快了，错过了花开时节，忽略了可爱的虫子。当它意识到这一切时，它毅然舍弃了历尽千辛万苦才找到的碎片。

这个故事告诉我们：也许正是失去，才令我们完整。一个完美的人，在某种意义上来说，是一个可怜的人。他永远无法体会到有所追求、有所希冀的感觉；他永远无法体会爱他的人带给他某些他一直求而不得的东西的喜悦。

一个有勇气放弃他无法实现的梦想的人是完整的；一个能坚强地面对失去亲人的悲痛的人是完整的，因为他们经历了最坏的遭遇，却成功地抵御了这种冲击。

生命不是上帝用于捕捉你的错误的陷阱。你不会因为一个错误而成为不合格的人。生命是一场球赛，最好的球队也有丢分的纪录，最差的球队也有辉煌的一天。我们的目标是尽可能让自己得到的多于失去的。

当我们接受人的不完美时，当我们能为生命的继续运转而心存感激时，我们就能成就完整。

培养积极的心态

积极的心态（简称 PMA）是成功学大师拿破仑?希尔数十年研究最重要的发现，他认为造成人与人之间成功与失败巨大反差的因素中，心态起了很大的作用。

积极的心态是人人可以学到的，无论他原来的处境、气质与智力怎样。

一、言行举止像希望成为的人。许多人总是要等到自己有了一种积极的感受再去付诸运行，这些人在本末倒置。心态是紧跟行动的，如果一个人从一种消极的心态开始，等待着感觉把自己带向行动，那他就永远成不了他想做的具有积极心态者。

二、要心怀必胜的想法。谁想收获成功的人生，谁就要当个好农民。我们绝不能播下几粒积极乐观的种子，然后指望不劳而获，我们必须不断给这些种子浇水，给幼苗培土施肥。要是疏忽这些，消极心态的野草就会丛生，夺去土壤的养分，甚至让庄稼枯死。

三、用美好的感觉和目标去影响别人。随着你的行动与心态日渐积极，你就会慢慢获得一种美满人生的感觉，信心日增，人生中的目标感也越来越强烈。紧接着，别人会被你吸引，因为人们总是喜欢跟积极乐观者在一起。

四、使你遇到的每一个人都感到自己的重要性。每一个人都有一种欲望，即希望感觉到自己的重要性以及别人对他的需要与感激。这是我们普通人的自我意识的核心。如果你能满足别人心中的这一欲望，他们就会对自己，也对你抱有积极的态度。

五、心存感激。对人生对大自然的一切美好的东西，我们要心存感激，人生就会显得美好许多。

六、学会称赞别人。在人与人的交往中，适当地赞美对方，会增加和谐、温暖和美好的感情，你存在的价值也会被肯定，使你得到一种成就感。

七、学会微笑。面对一个微笑的人，你会感受到他的自信、友好，同时这种自信和友好也会感染你，使你和对方亲切起来。

八、到处寻找最佳新观念。有些人认为，只有天才，才会有好主意。实上，要找到好主意，靠的是态度，而不是能力。

九、放弃鸡毛蒜皮的小事。有积极心态的人不把时间精力花在小事上，因为小事使他们偏离主要目标和重要事项。

十、培养一种奉献的精神。前任通用面粉公司的董事长哈里?布利斯曾这样忠告属下的推销员：“谁尽力帮助其他人活得更愉快、更潇洒，谁就达到了推销的最高境界。”

十一、自信能做好想做的事。永远也不要消极地认定什么事情是不可能的，首先你要认为你能，再去尝试、尝试、再尝试，最后你就发现你确实能。

迈好人生第一步

一个大专生，3 年里他勤奋学习，英语、写作、专业课样样不懈怠，业余时间还参加了会计本科考试，到毕业前即将获得学士学位，因此他对自己的功底颇为自信。

他应聘的是一家全国知名的大型企业。人事部对他的资料相当满意，对他英语水平和写作能力也很欣赏。也许是因为惜才之故，人事部主管对他极为客气，当即电话通知财务经理对他进行面试。10 分钟不到财务经理就来了，是一位十分瘦削的老先生，衣着简朴。几句寒暄之后，便转入正题，面试官说想考他几个会计科目方面的问题。如此简单的问题，让这位大专生不禁有了几分窃喜。“你说吧，你说吧。”他说，一点儿也不紧张。

考核极为顺利，对面试官的问题他几乎是不假思索，应对如流，同时还旁征博引，援引了财政部最新颁布的有关会计法规加以佐证或补充。他想用自己的学识来赢得这位经理的赏识。一个小时后，他被宣布留用了。成功如此之容易，骄傲的情绪自然也就潜滋暗长了。

第三天便开始上班，财务经理交给他的第一份工作就是据凭证录入原材料明细账。这个过程极为简单，就是一个数字转抄的事儿，1000 多张凭证 2 天就被抄完了。于是他不免有些看轻这份工作，言语之间颇有微词。而财务经理却依然是一副水波不兴的样子。到第六天开始与总账核对，这位年轻人惊奇地发现自己竟对不上账。他根据所登录明细金额，一次次地加总，却与总账总是对不上。年轻人这下慌了手脚，几千笔金额要查出错误可不是一件易事，反复核查几次后仍与总账对不上。他开始怀疑是总账有误并再一次自信地找到财务经理，用极其肯定的语气告诉他自己没有错，应该是总账错了。财务经理并没有直接回答他，只是笑了笑说：“小伙子，世上好像任何事都是相对的，没有太绝对的吧。”他不以为然。财务经理于是将他所登录的明细账拿去复核，结果不到 10 分钟就查出了一笔错误，222985 被不小心误写成了 22985，二者之间相差近 10 倍！

年轻人羞愧满面，无言以对。财务经理当即让他去人事部结账。他苦苦求情，恳请财务经理能原谅自己的这次过错。而财务经理却言出必行，毫无挽回的余地。临行时，财务经理意外地抽出时间和年轻人谈心：“小伙子，你很聪明，但人不能聪明得过了头。一开始你就很傲气，记不记得我问你问题时，你一连说了两个‘你说吧’。我看你有才，姑且原谅你。这几天我交给你一个简单的会计工作，旨在考查你，结果你完成得怎么样？照抄你都能抄错，你的能力何在？因为你这一错，公司有可能损失20多万，这个责任是你负还是我负呢？本来我可以原谅你，但我今天不得不辞退你。我的年龄足可以做你的父亲，正因为如此，我想如果今天不给你一个沉重的打击，你就不能吸取这个教训。请体会我的良苦用心。你不能怪我，要怪只能怪你自己没有迈好你的第一步。”

一份年薪4万元的工作就这样惨痛地失之交臂了。从公司到学校是一段极长的路，平常都是公司的班车接送他上下班。而今天，他第一次要从公司走回去了。长长的路也给了这位年轻人长长的悔悟，他为这错误的一步付出了高昂的代价。

不要让人偷走你的梦

全国优秀教师黄玉梅老师曾讲过这样一个故事：

2年前她随国家教委组织的几位优秀教师出国交流学习。这天，他们和一大批孩子在美国的圣伊德罗牧马场活动。正游戏时，牧马场的主人蒙地?罗伯茨来到他们中间，他对孩子们说："知道我为什么要邀请你们来我的牧场吗？我就是要向你们讲述一个故事，故事的主人公同样也是一个孩子。"

这个孩子的父亲，是一位巡回驯马师。驯马师终年奔波，从一个马厩到另一个马厩，从一条赛道到另一条赛道，从一个农庄到另一个农庄，从一个牧场到另一个牧场，训练马匹。其结果是，儿子的中学学业不断地被打乱。当他读到高中，老师要他写一篇作文，说说长大后想当一个什么样的人，做什么样的事。

那天晚上，他写了一篇长达7页的作文，描绘了他的目标——有一天，他要拥有自己的牧场。在文中他极其详细地描述了自己的梦想，他甚至画出了一张200英亩大的牧场平面图，在上面标注了所有的房屋，还有马厩和跑道。然后他为他的4000平方英尺的房子画出细致的楼面布置图，那房子就立在那个200英亩的梦想牧场上。

他将全部的心血倾注到他的计划中。第二天，他将作文交给了老师。两天后，老师将批改后的作文发给了他，在第一页上，老师用红笔批了一个大大的"F"（最低分），并附了一句评语："放学后留下来。"

心中有梦的男孩放学后去问老师："为什么我只得了'F'"？

老师说："对你这样的孩子，这是一个不切合实际的梦想——你没有钱。你来自一个四处漂泊居无定所的家庭。你没有经济来源，而拥有一个牧场是需要很多钱的，你得买地，你得花钱买最初用以繁殖的马匹。然后，你还要因育种而大量花钱，可你没有办法做到这一切。"最后老师加了一句，"如果你把作文重写一遍，将目标定得更现实一些，我会考虑重新给你评分。"

男孩回家，痛苦地思考了很久。他问父亲他应该怎么办，父亲说："孩子，这件事你得自己决定。不过我认为这对你来说是个非常重要的决定。"

最后，在面对作文枯坐了整整一周之后，男孩子将原来那篇作文交了上去，没改一个字，他向老师宣告："你可以保留那个'F'，而我将继续我的梦想。"

讲到这里，蒙地微笑着对孩子们说："我想你们已经猜到了，那个男孩就是我！现在你们正坐在我的200英亩的牧场中心，4000平方英尺的大房子里。我至今保存着那篇学生时代的作文，我将它用画框装起来，挂在壁炉上面。"他又补充道："这个故事最精彩的部分是，2年前的夏天，我当年的那个老师带着30个孩子来到我的牧场，搞了为期一周的露营活动。当老师离开的时候，她说：'蒙地，现在我可以对你讲了，当我还是你的老师的时候，我差不多可以说是一个偷梦的人！在那些年里，我偷了许许多多孩子的梦想，幸运的是，你有足够的勇气和进取心，不肯放弃，以致让你的梦想得以实现。'"

"所以，"蒙地说，"不要让任何人偷走你的梦！听从你心灵的指引，不管它指的是什么方向！"

保持梦想的心

开启智慧的一个方法是保持梦想的心。

某人曾说过他自己的一个故事：

我记得小学六年级的时候，考试得了第一名，老师送我一本《世界地图》，我好高兴，跑回家就开始看这本地图。很不幸，那天轮到我为家人烧洗澡水。我一边烧水，一边在灶边看地图。看到一张埃及地图，想到埃及很好，埃及有金字塔、有埃及艳后、有尼罗河、有法老王，还有很多神秘的东西，心想长大以后如果有机会我一定要去埃及。

看得入神的时候，突然有一个大人从浴室冲出来，胖胖的，围着一条浴巾，用很大的声音跟我说："你在干什么？"我抬头一看，原来是爸爸，我说："我在看地图。"爸爸很生气，说："火都熄了，看什么地图！"我说："我在看埃及的地图。"我父亲就跑过来"啪、啪"给我两个耳光，然后说："赶快生火！看什么埃及地图！"

打完后，他还踢了我屁股一脚，把我踢到火炉旁边去，很严肃地跟我讲："我给你保证，你这辈子不可能到那么遥远的地方去，赶快去生火！"

我当时看着爸爸，呆住了，心想："爸爸怎么给我这么奇怪的保证，真的吗？我这一生真的不可能去埃及吗？"

20 年后，我第一次出国就是去埃及，我的朋友都问我："到埃及去干什么？"那时候还没有开放观光，出国很艰难的。我说："因为我的生命不要被保证。"于是就跑到埃及旅行。

有一天，我坐在金字塔前面的台阶上，买了张明信片写信给我爸爸。我写道："亲爱的爸爸，我现在在埃及的金字塔前面给你写信。记得小时候，你打了我两个耳光，踢了我一脚，保证我不可能到这么远的地方来，现在我就坐在这里给你写信。"写的时候感触非常深。

我爸爸收到明信片时对我妈妈说："哦！这是哪一次打的，怎么那么有效？一巴掌打到埃及去了。"

梦想在生命中是非常重要的东西。为什么非常重要？因为只有梦想可以使我们温暖，只有梦想可以使我们有希望，只有梦想可以使我们保持充沛的想象力与创造力。

如果一个人没有梦想，他的生命就可悲了。"保持梦想"就是一直到告别人世前的那一刹那都始终保持着向前的姿势。

轻视的力量

1975年一个阴雨连绵的夏天，一个衣衫褴褛、面黄肌瘦、名叫洒尕的黎族小男孩，在帮舅舅整理年久失修的柴房时，意外地获得了半本残破不堪的《西游记》。当时小男孩正在上五年级，许多字都不认识，但他断断续续看了两页之后，就被书中那神奇的故事给迷住了。也就是从那一天开始，小男孩便迷恋上了阅读。凡是能够找到的书籍，不论多么枯燥，小男孩都会读得津津有味。书读得多了，小男孩便对写书的人生出了无比的羡慕和崇敬，并进而产生了一个大胆的念头：长大了，我也要写书。

当小男孩把他的这个想法跟村里的大人和学校的老师讲了之后，大家先是大吃一惊，继而开怀大笑。在小村里的人看来，这个男孩的想法也太离谱了。出生在这样一个偏僻闭塞、贫穷蛮荒的高寒山寨的孩子，能够识得几个蚂蚁脚杆一样的汉字，已经是祖宗的阴德和天大的造化，还想写书，简直就是痴人说梦。

从此，小男孩洒尕便成了小村人茶余饭后的谈资和笑料，洒尕虽然当时年纪尚小，但还是刻骨铭心地感受到了小村人对他的轻视，这些也都罢了，最让他感到伤心的是素来对他非常器重的语文老师，也根本不认同他的这个想法。这位老师不但没有给予半句鼓励和肯定，反而轻蔑地诘问他："你知道写书的人叫什么吗？那叫作家。我们县历史上还从来没有出过作家呢。你以为作家就那么好当？几十万人中还出不了一个呢。还是放弃那些不切实际的想法，好好地念你的书吧。要真念好了，或许今后还能像我一样当个民办老师呢！"

老师的这些话，深深地刺痛了小男孩的自尊心。他眼含屈辱的泪水，紧咬牙关暗暗在心里发誓：我将来一定要做一个作家，我要用无可辩驳的事实来证明：你们全都错了！

5年过去了，命运非但没有让洒尕向当作家的梦想靠近，反而和他开了一个残酷的玩笑，洒尕想不到高中毕业时，竟然以2分之差而被永远地关在了大学的门外。名落孙山的洒尕悲壮而又别无选择地回到了家乡，开始了他艰难的人生旅程。赶马、烧窑、耕田、当木匠……但不论生活如何艰辛苦涩，洒尕从未放弃过当一名作家的梦想。一次次投稿，又一次次失败，使得小村人更坚定了他们对洒尕的看法："瞧他那熊样，怎么能当作家？如果在我们这种拉屎都不会生蛆的穷地方都能生长出作家，那作家就太不值钱了。唉，这娃娃看来是废了，整天二流子一样不务正业，就知道熬更守夜地写呀写的，有什么用啊？肚子饿了当不得饭吃，天气冷了当不得衣穿。还是本本分分种好自己的那一亩三分地，才像个正经过日子的样呀。"

洒尕这个时候已经习惯了人们的轻视，他不再理睬这些闲言碎语，而是更加勤奋地写啊写。他在心里这样说："你们就等着瞧吧，只要能写出好文章来，肚子饿了就能当得饭吃，天气冷了就能当得衣穿。"

俗话说，老天绝不会让苍鹰吃稻草，就在洒尕的废稿写了足有 1 米高的时候，他的处女作终于在地区文联的刊物上发表了。成功的门一旦被推开，就会迎来无限的光明。在此后的日子里，洒尕的文章便一篇紧接一篇地在报刊上发表。那饱含着收获的甘甜和喜悦的汇款单，也一张接一张地飞进闭塞的山乡。一个月下来，洒尕竟然靠写文章赚到了 300 多元的稿费，这在当时已经算是一笔大钱。小村里一家人起早贪黑半年的种田收入，也没有洒尕一个人挣得多。于是，那些先前把洒尕数落得一文不值的人，反过来又把洒尕吹得神乎其神，说洒尕是天上的文曲星转世，前途大着呢。有许多原先轻视洒尕的人家，也争着把闺女许配给他。洒尕不为所动，依旧坚持不懈地写他的文稿。

1989 年，洒尕的一篇散文在由中央电视台、中华全国总工会、团中央以及海内外数十家媒体联合举办的国际性青少年写作大赛中获得了银奖。就是这个银奖，使洒尕的人生之路由此而得到改写。在自治州委书记和州人事局领导的亲自关怀下，洒尕先被破格推选为全州自学成才的优秀青年，继而由一名普通农民被破格吸收为国家干部。

如今，已过而立之年的洒尕，正在一家出版部门做着他所钟爱的编辑工作。他没有忘记自己是一位作家，业余时间仍然笔耕不辍，而且收获颇丰。

据说洒尕不久前曾回乡去探望那位童年的小学老师，结果老师的一番话却使得一直耿耿于怀的洒尕泣不成声，泪流满面。那位已届垂暮之年的老师对洒尕说："轻视其实蕴含着一种巨大的力量，一种爆发性和鞭策性极强的力量。只不过对那些缺乏自信、缺乏主见、缺乏进取精神的人而言，它是一种阻力。而对于那些自信自强、永不妥协、永不放弃梦想与希望的人而言，它则是鞭策，是动力，是非常有效的前进动力。所幸你没有把它当成阻力，而是当成了动力。说实话，当年我对你最担心的，就是这个。”

要相信自己

有一名中文系的学生，苦心创作了一篇小说，请一位著名的作家指评。可是这位作家正患眼疾，于是学生便将作品读给作家听。

读到最后一个字，学生停顿下来。作家问：“结束了吗？”听语气似乎意犹未尽，渴望下文。这一问，煽起学生无比激情，他立刻灵感喷发，马上回答说：“没有啊，下部分更精彩。”他以自己都难以置信的构思叙述下去。

到达一个段落后，作家又似乎难以割舍地问：“结束了吗？”

小说一定勾魂摄魄，叫人欲罢不能！学生更兴奋，更激昂，更富于创作激情。他不可遏止地一而再再而三地接续、接续……最后，电话铃声骤然响起，打断了学生的思绪。

电话找作家有急事。作家匆匆准备出门。

“那么，没读完的小说呢？”学生问。

作家回答：“其实你的小说早该收笔，在我第一次询问你是否结束的时候，就应该结束。何必画蛇添足？该停则止，看来，你还没能把握情节脉络，尤其是，缺少决断。”

看来，决断是当作家的根本，否则拖泥带水，如何打动读者？学生追悔莫及，自认性格过于受外界左右，难以把握作品，恐不是当作家的料。

多年以后，这名年轻人遇到另一位非常有名的作家，羞愧地谈及那段往事。谁知这位作家惊呼：“你的反应如此迅捷，思维如此敏锐，编造故事的能力如此强盛，这些正是成为作家的天赋呀！假如能正确运用，你的作品一定会脱颖而出。”

没有解决不了的事情

爱迪生的一生，从来没有停止过发问“为什么”。他虽然没有将自己所问的问题都求出答案来，但是他所得出来的答案也是多得惊人。

有这样一则事例：

有一天，爱迪生在路上碰见一个朋友，看见他的手指关节肿了。

“为什么会肿呢？”爱迪生问。

“我还不晓得确切的原因是什么。”

“为什么你不晓得？医生晓得吗？”

“每个医生说的都不同，不过多半的医生都以为是痛风症。”

“什么是痛风症呢？”

“他们告诉我说，这是尿酸积淤在骨节里。”

“既然如此，他们为什么不从你骨节中取出尿酸来呢？”

“他们不晓得如何取法。”病者回答。

这时的情形好像一块红布在一只斗牛面前摇晃一样。

“为什么他们会不晓得如何取法呢？”爱迪生生气地问道。

“因为尿酸是不能溶解的。”

“我不相信！”这位世界闻名的科学家回答。

爱迪生回到实验室里，立刻开始试验看尿酸到底是否能溶解。

他排好一列试管，每只管内都灌入 1/4 不同的化学液体，每种液体中都放入数颗尿酸结晶。两天之后，他看见有两种液体中的尿酸结晶已经溶化了。于是，这位发明家有了新的发现问世，这个发现也很快地传播出去。

现在这两种液体中的一种，在医治痛风症中被普遍采用。

走出自卑的阴影

他，从一个仅有 20 多万人口的北方小城考进了北京的大学。

他一个学期都不敢和同班的女同学说话。

因为上学的第一天，与他邻桌的女同学问他的第一句话就是：你从哪里来？而这个问题正是他最忌讳的，因为在他认为，出生于小城，就意味着小家子气，没见过世面，肯定会被那些来自大城市的同学瞧不起。

所以，第一个学期结束的时候，有很多同班的女同学都不认识他。

很长一段时间，自卑的阴影都占据着他的心灵。最明显的体现就是每次照相，他都要下意识地戴上一个大墨镜，以掩饰自己的内心。

她，也在北京的一所大学里上学。

她不敢穿裙子，不敢上体育课。她疑心同学们会在暗地里嘲笑她，嫌她肥胖的样子太难看。大部分日子,她也都在疑心、自卑中度过。

大学时期结束的时候,她差点儿毕不了业,不是因为功课太差,而是因为她不敢参加体育长跑测试。老师说:“只要你跑了,不管多慢,都算你及格。”可她就是不跑,她想跟老师解释,她不是在抗拒,而是因为恐惧,恐惧自己肥胖的身体跑起步来一定会遭到同学们的嘲笑。可是,她连向老师解释的勇气也没有,茫然不知所措。她只能傻乎乎地跟着老师走,老师回家做饭去了,她也跟着。最后老师烦了,勉强算她及格。

后来,在播出的一个电视晚会上,她对他说:“要是那时候我们是同学,可能是永远不会说话的两个人。你会认为,人家是北京城里的姑娘,怎么会瞧得起我呢?而我则会想,人家长得那么帅,怎么会瞧得上我呢?”

他,就是中央电视台著名节目主持人白岩松。

她,就是中央电视台著名节目主持人张越。

信念的力量

鲁西南深处有一个小村子叫“姜村”,这个小村子因为这些年几乎每一年都有几个人考上大学、硕士甚至博士而闻名遐迩。方圆几十里以内的人们没有不知道姜村的,人们会说,就是那个出大学生的村子。久而久之,人们不叫“姜村”了,“大学村”成了姜村的新村名。

姜村只有一所小学校,每一个年级一个班,以前的时候,一个班只有十几个孩子。现在不同了,方圆十几个村,只要在村里有亲戚的,都千方百计把孩子送到这里来。人们说,把孩子送到姜村,就等于把孩子送进大学了。

在惊叹姜村奇迹的同时,人们也都在问,都在思索。是姜村的水土好吗?是姜村的父母掌握了教育孩子的秘诀吗?还是别的什么?

假如你去问姜村的人,他们不会告诉你什么,因为他们对于秘密似乎也是一无所知。

在20多年前,姜村小学调来了一个50多岁的老教师,听人说这个教师是一位大学教授,不知什么原因被贬到了这个偏远的小村子。这个老师教了不长时间以后,就有一个传说在村里流传:这个老师能掐会算,他能预测孩子的前程。原因是,有的孩子回家说,老师说了,我将来能成数学家；有的孩子说，老师说我将来能成作家；有的孩子说，老师说，将来我能成音乐家；有的说，老师说我将来能成钱学森那样的人；等等。

不久，家长们又发现，他们的孩子与以前不大一样了，他们变得懂事而好学，老师说会成为数学家的孩子，对数学的学习更加刻苦；老师说会成为作家的孩子，语文成绩更加出类拔萃……孩子们不再贪玩，不用像以前那样严加管教，变得十分自觉，因为他们都被灌输了这样的信念：他们将来都是杰出的人，而有好玩、不刻苦等恶习的孩子都是成不了杰出人才的。

就这样过去了几年，奇迹发生了。这些孩子到了参加高考的时候，大部分都以优异的成绩考上了大学。

这个老师在姜村人的眼里变得神乎其神，他们让他看自己的宅基地，测自己的命运。可是这个老师却说，他只会给学生预测，不会其他的。

这个老师年龄大了，回了城市，但他把预测的方法教给了接任的老师，接任的老师还在给一级一级的孩子预测着。而且，他们坚守着老教师的嘱托，不把这个秘密告诉给村里的人们。

我的几个好朋友就是从姜村走出来的，他们说，他们从考上大学的那一刻起，对于这个秘密就恍然大悟了，但他们这些人又都自觉地坚守了这个秘密。

听完这个故事，我一直在被这个可敬的老师感动着。人世间还有什么力量能超过信念的力量呢？他通过中国最传统的方式，在这些幼小孩子的心灵里栽种了信念啊！

设定目标坚持下去

我建议你把这一年里的目标写在一张纸上，再把长远的目标写在另外一张纸上；你的目标可以不止一项，但不要有互相冲突的目标。

你也可以把目标写在卡片上随身携带，经常用来参考，也可以把目标深埋在心中。

理清你的目标时，你要回答两个根本的问题：我想成为什么样的人？我想做什么事？明确地写出你的答案。比方说，如果你想当作家，那么你想要写小说呢，或是报纸专栏，还是为杂志自由投稿？尽可能明确。写下你的目标只是个开始,不过你总是要从一个地方开始。正如有句话说:与其诅咒黑暗,何不点起蜡烛?

跨越你和目标之间距离的第二部分是“行动”。目标不是空洞的梦想,而是由行动所支持的梦想。不要等情况完美了以后再去做,情况永远也不会完美。“明天”、“等一下”、“下礼拜”、“下个月”或者“明年”等字眼,通常是失败的同义词,“总有一天”的意思通常是“一辈子休想”,所以你现在就行动吧。如果你害怕无法完成一件事,就把忧虑的时间变成做事的时间。

成功的人知道:万事起头难。但是一直拖着不起头,并不会使事情由难变简单,反而会削弱你去做的决心。

跨越你和目标之间距离的第三部分是“坚持”。许多成功的人都发现他们最大的成功是经历最大的失败后跨过一步就得到的。因此当你快要接近目标时遇上了问题,千万不要放弃,你最大的成功很可能就在你全面失败的后面一步。

坚持目标,不一定坚持方法。我们常听别人鼓励我们坚持下去,但是坚持目标却不见得一定要坚持策略。不妨将坚持和实践结合。

爱迪生发明电灯之前,曾经进行过上千次的实验。注意,他是以“不同”的方法进行实验。每一次的失败代表他又知道了一种不能用的方法,使他又接近成功一步。不必急着放弃一种方法,但是你在到达某个程度时或许就必须改变策略。然而目标始终是同样的,不可放弃。

如果你认为你无法成功,你会发现要坚持下去是非常困难的。林肯遭遇过无数次的挫败才终于赢得选举, 但是这之前却能够持续越过每个障碍,因为他已经事先打定主意。他早已决定不要放弃,以他自己的话来说,就是“一次失败不放弃,一百次失败也不放弃”。你知道林肯是谁吗?你记得爱迪生吗?他俩有一个共同点——绝不放弃。你知道贾斯汀·威廉是谁吗?你从来没有听说过他,因为他放弃了。

认识自己

在希腊一座古老的神殿上,镌刻着这样一句话:“认识你自己。”游人每每来到这里,都要驻足凝思,玩味着这句话的深刻含意。

认识自己,有何难哉?难道人自己不认识自己吗?

相传很久很久以前，古希腊维奥蒂亚境内的底比斯城来了一只狮身人面的怪兽,人们称之为“斯芬克斯”。它站在山顶上,用缪斯传授的谜语考人。谁猜不中这则谜语,就要被它吃掉;谁猜中了,它就自杀。这则谜语是这样的:今有一物,同时只发一种声音,但早晨是四条腿,中午只有两条腿,而到晚上却有三条腿,这是何物?许多人因猜不中而被怪兽吃掉了。后来,城外来了一个名叫奥狄浦斯的青年,终于猜中谜底是“人”,因为人在婴儿时期,牙牙学语,匍匐爬行,似用四只脚走路;慢慢长大,少年英俊,青年潇洒,中年如日中天,只有两脚走路;而到年迈体衰,老态龙钟,需拄杖而行,似有“三条腿”。奥狄浦斯猜中了此谜,斯芬克斯随即自杀。

一个看似十分简单的谜语,而且谜底就是“人”,为何许多人都猜不中而葬身于狮身人面怪兽的腹中? 可见人认识自己之难。

我们要感谢祖先创造了“人”这个象形汉字,给人认识自己以许多启迪。

“人”字一撇一捺,一撇是长处,一捺是短处。它告诉我们,金无足赤,人无完人,既不要骄傲自满,妄自尊大,也不必自惭形秽,妄自菲薄。天生我才必有用,人应不断取长补短,完善自我,勇敢地站起来。

“人”字一撇一捺,一撇代表品格,一捺代表学识。它告诉我们,一个真正的人,应该是“真、善、美”和“识、才、学”的完美统一。高洁的品格和渊博的知识不仅是有志者腾飞的双翼,而且是其终生奋斗的目标。

“人”字上部合并,底下分叉,它形象地告诉我们,人生之路有许多岔道,有的通向光明,有的通向黑暗;有的走向成功,有的走向失败。而人生之路数青春段岔道最多,因此,每个青年更理当谨慎、慎重,好好把握。

“人”字一撇一捺,相互扶持,相互支撑。一辈子写好了这个“人”字,就会多一些爱心,多一些春天的温馨。

普天下的人,不论国籍和肤色如何,都应穷尽毕生精力认识自己、完善自己、超越自己,堂堂正正写好一个大写的“人”字。

人生没有彩排

10 年前,我每天记日记,并且一口气记了 5 年多,一天不缺。那时候的生活说不上丰富多彩,所以连“与某某聊天,谈宇宙起源问题”、“路上见一绝佳美女，恨无缘相识耳”等也全都记录在册。可那时候的思想绝对丰沛，喜欢就各类问题发表长篇论述，一写就是七八页，甚至长达一二十页。除了这些，还有很多今天看来感到脸红的话，如：“又打牌半天。我发誓，今后再也不玩这种无聊的游戏了！”后面的感叹号又大又粗，且绝对不止一个。可是第二天却照样上场。还有的写道：“我决定，从明天开始，不抽一支烟，不喝一滴酒，现在到了考验你意志的时候了！”可是这样的努力每一次都在室友的诱惑之下宣告失败。我悲哀地发现，如果我被敌人关在牢里，可能只要他们拿出一支烟，我就会投降。其实，什么“誓言”，什么“决定”，都架不住自己的心念一转：“唉，何必跟自己过不去呢？”

放弃——也就成了我青春时代的主旋律。我太善于放弃，也习惯了放弃，不以放弃为耻，反以放弃为荣。因为我总能找到理由为自己的临阵脱逃和出尔反尔开脱，那些理由都很高明，很聪明，很机智。小到打牌戒烟，大到爱情人生，我屡屡放弃，总说“下一次”。20 岁，放弃初恋，理由是“太熟悉了”；21 岁，放弃考研，理由可以写满 10 页纸；22 岁，放弃出外闯荡，因为怀疑自己是不是有生存能力；23 岁，再次中途放弃考研，理由之一是“不想看已经看过的书”；25 岁，第三次在最后一刻放弃考研，理由可以说上三天两夜，其中之一是“不喜欢武汉”；27 岁，放弃到广州，理由是“再到一家新的报社从头干，年纪大了一点儿，如果再早几年……”。同年，放弃到某文学杂志社，理由是“收入偏低”……一年又一年，激情衰退，理想变色，越来越不明白，自己到底该干什么，又能干什么？然后，糊里糊涂，就到了“告别的年代”。

现在终于知道：放弃一点儿都不高明，放弃是一件最容易的事，要做一件事，也许只是唯一的理由支持着你，可要不做一件事，会冒出成千上万个借口。可悟到这一点，代价太昂贵了。这代价就是黄金般的青春岁月。

有部日本电视剧，故事很无聊，可主人公的一句话却被我牢牢记住了：“人生是没有彩排的，每一天都是现场直播。”我们在无意识当中总有一种倾向，以为人生会有直播的那一天，所以平时常常放纵自己。其实一生就在“平时”中度过，每一天都不可重复，每一天都同样重要。珍视时间，设定目标并努力地坚持去接近它，这就是 30 岁的我。不再需要豪言壮语，更不会轻言放弃！

贫穷与富贵

有一个穷人，因为没有钱，感到自己一无所有，就整天闷闷不乐。

一位哲人开导他说："其实你不是一个穷光蛋，你是一个百万富翁。"这个穷人很不理解，就问这位哲人："我现在一无所有，怎么是百万富翁呢？"这个哲人就问他："我现在给你1000元钱把你的手指砍下一个，你干不干？"这个穷人回答说："不干。""我给你10000元砍下你的一只手，你干不干？"这个穷人还说："不干。""那我给你50万甚至100万砍下你的头，你干不干？"这个穷人依然说："不干。"这位哲人就说："光你身上就不止100万，你就不止是一个百万富翁了，为什么还说你一无所有呢？"这个穷人听后茅塞顿开，以后再也没有忧虑了。

从哲学的意义上讲，世界上的价值大致可以分为两类：一类是因为它的存在而让别人感到它的价值，比如说一些产品、商品、科技发明以及金钱、地位都归于这一类。这一类东西，起到让你过得更好的作用。另一类是你丧失它之后才会感到它的价值，比如说空气、自由、健康、时间、青春等等，这一类价值体现的是你生存的必要条件。这两类价值相比，因为其存在而显示其价值的东西一般是从无到有的，而那些因失去才显示它的价值的东西一般是从有到无的，但这种价值，由于它是自然存在和普遍拥有的，因而很容易让人忽视。

但与生俱来、从有到无的这种价值对人来讲更重要。有的人在拼命地获取和享受从无到有的价值的时候，忘了更重要的从有到无的价值。只有当他已经失去后一类价值的时候，才知道它的可贵，但已悔之晚矣。牺牲后一类价值去追求前一类价值，他所付出的代价更大。

"老之将至，才觉得时光的可贵；病卧在床，才知道健康最重要；进了牢房，才知道自由是无价的。"

因为其存在而显示其价值的东西，固然值得人们追求。因为失去才显示其价值的东西，更值得人们去珍惜、去维护，因为人一旦失去了这一类价值，就连追求另一类价值的基础条件都没有了。

用银行打个比方：与生俱来、从有到无的这一类价值是本金，从无到有的这一类价值其实是利息。有的人为了追求利息把本金都丢掉了。所以真正懂得价值的人应该是先保管好本金，然后再合理合法地获得利息。

经营自己的长处

爱因斯坦在20世纪50年代曾收到以色列当局的一封信，信中恳请他去当以色列总统。爱因斯坦是犹太人，若能当上犹太国的总统，在一般人看来，自是荣幸之至了。出乎人们意料的是，爱因斯坦竟然拒绝了，他说："我整个一生都在同客观物质打交道，既缺乏天生的才智，也缺乏经验来处理行政事务以及公正地对待别人。所以，本人不适合如此高官重任。"

大文豪马克·吐温曾经经商。第一次他从事打字机的投资，因受人欺骗，赔进去19万美元；第二次办出版公司，因为是外行不懂经营，又赔了近10万美元。不仅自己多年用心血换来的稿费赔了个精光，还欠了一屁股债。马克·吐温的妻子奥莉娅深知丈夫没有经商的本事，却有文学上的天赋，便帮助他鼓起勇气，振作精神，重走创作之路。终于，马克?吐温很快摆脱了失败的痛苦，在文学创作上创造了辉煌的业绩。

人生的诀窍就是经营自己的长处。这是因为经营自己的长处能给你的人生增值，经营自己的短处则会使你的人生贬值。富兰克林说"宝贝放错了地方便是废物"，就是这个意思。在人生的坐标系里，一个人如果站错了位置——用他的短处而不是长处来谋生的话，那是非常艰难甚至可怕的，他可能会在永久的卑微和失意中沉沦。因此，对一技之长保持兴趣相当重要，即使它不怎么高雅人流，但可能是你改变命运的一大财富。选择职业同样也是这个道理，你无需考虑这个职业能给你带来多少钱，能不能使你成名，重要的是，你应该选择最能使你全力以赴、最能使你的长处得到充分发挥的职业。把自己安排在合适的位置上，经营出有声有色的人生。

坚持到底绝不投降

塞林格是美国当代最负盛名的小说家，他的《麦田里的守望者》被认为是美国文学的"现代经典"，总销售量已超过千万册。换上其他一些人，他们肯定是穿华衣、吃美食、坐豪车,极尽张扬。然而,塞林格却退隐到新罕布什尔州乡间,在河边小山附近买了 90 多英亩土地,在山顶筑一座小屋,周围种上许多树木,外面拦上 6 英尺高的铁丝网,网上还装有警报器。塞林格每天八点半带了盒饭入内写作,下午五点半才出来。家里任何人不准打扰他,如有要事,只能电话联系。他平时深居简出,偶尔去小镇购买书刊,有人认出他,他立刻拔腿就跑。他不喜欢过多的社交,有人登门造访,得先递上信件或便条。如果来访者是生客,就拒之门外。他也不喜欢自造舆论,成名后只回答过一个记者的问题,那是一个 16 岁的女中学生,为校刊写稿特地去找他的。

塞林格是值得我们尊敬的。一个人在没有能力获得享受时主动放弃享受,并不是一个怎样了不起的事,难就难在当享受唾手可得,却不向欲望投降,自觉地坚守自己的生命目标。正是这种视创造为生命、鄙视享乐的性格使塞林格的作品保持了持久的艺术魅力。他的作品哪怕是一个短篇,一经发表,马上就会引起轰动。

第三章

寻找机遇，放飞梦想

机遇，青睐有准备的人。它不相信眼泪，它与畏懦、懒惰无缘；它稍纵即逝，只有那些目光敏锐、勇敢果决者才可能获得它；它对任何人都是平等的，能不能抓住它，在于每一个人自己。

逆境面前也要保持积极的心态

3年前，在同学们的羡慕声中，俊伟以全校第一的高分考入了省建筑学校。在初入校门的兴奋和激动之中，他藏着一个梦想：3年后必有一份不错的工作和一个灿烂的前程。然而，当3年的校园生活写进毕业册时，学校却发下话来：今年毕业生就业形势尤其严峻，单位人员超编，一些职工下岗，就业压力特别大。学校希望大家自由择业，不要坐等分配。

俊伟不敢相信这是真的，难道美丽的梦想就这样一下子破碎了？自由择业意味着要自己找工作。父母有"关系"的同学连忙给家里挂电话，他却不敢把这个消息告诉父母，因为在山旮旯里辛劳一生的父母在他身上寄予了太多的期盼。想到父母那份沉甸甸的期盼，想到自己十年寒窗苦读到头来却是竹篮打水，他就食不甘味。终于他忍受不了这种折磨，悬梁自尽了。

更令人惋惜的是，第二天省城某家建筑公司来学校招聘人才，作为班里尖子生的俊伟理应占有一个名额！是心理承受能力太差害了他。

有一位心理学家说得好："一个周边高矮不等的木桶，它的盛水量不取决于最长的那块板，而取决于最短的那块板。"俊伟的智力就像木桶上最长的那块板，而他适应社会的承受能力却是最短的那块板。面对咄咄逼人的就业形势，他没有输在智力上，而是输在了心理承受能力上。

当然，在现实生活中，像俊伟这样心理极度脆弱的人并不多见。关键是你要尽快克服这种有害情绪，免得自己越陷越深，以至于超过了自己的心理承受能力，酿出俊伟那样的悲剧。下面几种方法也许有助于你克服有害情绪，提高你对逆境的承受能力：

1.坦率交谈倾诉法。就是找你所信任的、谈得来的知己，把你在逆境中的喜怒哀乐尽情地向其倾诉，不让内心积存任何消极的情绪。这种方法实际上就是传统心理治疗法里讲的"情感排泄法"，把你心中的郁闷、烦恼早早发泄出来，便可以避免因为消极情绪的刺激，而引起大脑皮层高级神经活动过程中的兴奋与抑制功能失调。

2.自圆其说自慰法。人除了互慰之外，自慰有时也很重要。当自己陷入了一种困境时,适当地找些说得过去的理由加以“宽慰”,往往能解开心中的疙瘩,使心情愉快起来,这就是自慰。有许多事情,结局已定,就要设法从消极情绪中“自我解脱”出来,不要老是站在那里垂头丧气。对自己说说宽慰的话,就是在帮助自己走出低谷。

3.等待机会平息法。眼看到手的机会从鼻子底下溜走时,难免会有惋惜之情,自责、失落、追悔、消沉等不良情绪便会乘虚而入,搅得你心烦意乱。当机会失去让你悲叹时,你就尽量缩小因这次挫折带给你的“负效应”,从幻想中“解脱”出来。昨天的机会一去不复返,重要的是去迎接新的希望。

逆境,像一片片乌云,笼罩在一些初涉人世的年轻人头上。如果你的注意力过于集中在这片“乌云”上,就可能产生不健康的心理定势,甚至神经质现象,而改变这种状况的最好方法就是改变对逆境的注意力:

1.遗忘处理转移法。生活是不断变化的,人总是在“遗忘—记忆—遗忘”这样一种循环往复中生活的。然而,生活中又确实是需要“遗忘”的。当你身陷逆境时,应该让自己忙碌起来,使自己在忙碌中遗忘掉痛苦的事情。这样,你就会信心倍增,干劲十足,慢慢地快乐起来。

2.积极交往沟通法。逆境中的人常有自卑感,他们害怕与人交往,这往往会使自己的处境雪上加霜。毕竟,人是社会动物,希望得到关心和注意是人类行为的基本动机之一。关心别人,帮助别人满足需要,这样你在他人生活中的重要性就增加了,别人自然也就会来关心你、帮助你,这不仅有利于你沟通感情,促进心理健康,还有利于你走出逆境。

3.环境脱敏娱乐法。当你身处逆境并深深陷入自我烦恼之中时,不妨通过改变自己的生活环境或生活方式,从而使情绪得到排解。

刘珍毕业于某电子学校计算机专业,初到广州时,她自信能找到满意的工作。然而经过几个月的奔波,她感到自己所学的知识在这个繁华的城市里是那么的陈旧。于是,她一次次与机会失之交臂。而对于普通工作,刘珍又根本看不上眼,原因是工作太辛苦,待遇又不好。终于,她打起包袱回家了。

像刘珍这样的年轻人找不到工作并不是因为工作难找,而是自我感觉过于良好,吃不了苦,受不了气,适应环境能力差,而更深层次的原因是她对父母的依赖思想,总认为自己有一条退路,受一点挫折就考虑回去,没有改变逆境的雄心壮志。天上不会掉下馅饼,唯有自己积极探索,抓住解决问题的“牛鼻子”，逆境才有可能向顺境转化。

1.扪心自问反省法。逆境是一位严肃的老师，它能为我们提供一个重新认识、评价自己的反思机会。为何会陷入逆境？是自身的原因，还是社会的原因？若是自身条件不具备，可以通过及时修正目标而脱离逆境。如果自己的性格不适宜干推销工作，却偏偏想成为一名优秀的推销员，岂不是“扬短避长”吗？发现自己的长处，并把自己的长处用在刀刃上，是十分重要的。所以，满怀信心并不是说一味盲目行事。成功地脱离逆境，还取决于你能否准确地分析自己的情况，正确地认识自己的长处和短处。

2.努力学习发奋法。“书到用时方恨少”这句古训，用来描述一些年轻人走上社会后的心态是再恰当不过了。由于知识储备不足，一些年轻人在求职路上到处碰壁，就不由得后悔起来：“在学校我怎么就不知道学习的重要性呢？现在想把以前未学好的知识重新补回来，却既没有时间，也找不到像学校那么好的学习环境和条件了。”能意识到学习的重要性无疑是好的，但为自己不能学习找借口就说不过去了。要知道，时间犹如海绵里的水，要挤的话总是会有的，更何况在当今知识经济时代，知识更新的速度是日新月异的，学习不仅仅是在学校里的活动，还是贯穿于你整个人生的大事。努力学习，使自己具有真才实学，是助你脱离逆境的最好方法。

3.自我推销法。当然，有时候，某些不良的社会因素也会把一个才华横溢的人压制在逆境里。这时候，你顾影自怜、徒发怀才不遇的感叹又有何用呢？有不少成功人士就是在逆境中不怨天尤人，而是肯定自我价值，积极地进行自我推销，从而才脱颖而出的。千里马常有，而伯乐不常有。难道没有伯乐，千里马就要老死于槽枥之间吗？大胆地推销自己吧，艺术地推销自己吧，成功之门在等待着你去打开呢！

人生没有失败

没有挫折的生活，像在一江静水中悠悠扬帆前进。风和日丽之下，两岸景物尽收眼底，远山近树，袅袅炊烟，似一幅淡淡的水墨画，带给人一片悠闲安恬。然而世间尘路漫长，人生之旅若永远这样无变化地逐波驶去，任何喜爱安稳和平的人也会感到怠倦。

挫折不是失败的代名词，更不是挫人志气的沮丧剂，它是考验人的韧力和耐力的测量器，亦是在人跌倒时鼓动他奋勇再起的力量。如果一个人总是一帆风顺，事事成功，就很易志得意满、洋洋自大，对人世疾苦视而不见，自负之余会愈发自私起来。

挫折本身并不可怕，可怕的是一遇挫折就灰心丧气、自怜自怨、羞恼忿怒、恨东骂西，最后成了真正的失败者。

对于挫折，我有足够的经验，从少年、青年到中年时代，一次次的挫折如影随形，比最亲密的朋友还亲，伴着我走过一段段的荆棘路。

生平第一次挫折是在少年期——不足 18 岁时投考大学落第。这个失败让我以为天塌地陷，世界沉沦，自己被命运遗弃，作家梦已然破灭，未来的前途亦如九天烟雾，随风飘散。年幼糊涂的我，甘心做个被击倒的失败者，开始自暴自弃。从此以后，倒真是一步走错，满盘皆错。当我猛然惊醒，懂得了人生没有真正的失败，除非自己甘愿接受失败的时候，早已受了许多磨难，吃了不少苦头。

幸亏步入青年期的我，虽外表看来柔弱，骨子里却有强韧的一面。记得初次在绝望里抬起头来，决心与挫折应战，是在一个冬季的寒冷之夜。擦去滚在脸上的眼泪，凝视着窗外透进的月影，我的心一下子明澈起来："你准备就这样子倒下去吗？还是愿拿出勇气，为自己的命运一战？"接着我听到内心深处一个清楚的回答："不要倒下去，不要做弱者，勇敢地向命运应战。"

从那以后，我不再动辄哭泣，不再自叹命薄，我写，我画，我读，努力地吸取知识，充实自己。20 岁那年我写出了第一部长篇小说，20 余万字，尽管文笔生涩且幼稚，但是凭着那个不成熟的作品，我在众多的竞争者之中考取了电台的编辑兼播音员，从此开始了我的职业生涯。

那是我第一次面对挫折后的胜利，虽然是个开始，但却使我信心倍增，深深地明白了人生是什么。人生不是坐享其成，不是迷信或侥幸，而是真正的实践与行动，面对挫折打击不仅不惧不畏，反认为是命运赐给的考题，考验坚毅的试金石。

从青春岁月走到近老之年，我生命的整个旅程，就是一篇跌倒又爬起的挫折史。在"挫折"这位顽固老友面前，我越来越能处之泰然，不是我有过人的智慧，而是因为我太了解它。它是漫漫人生道上的必经之站，只有曾遭遇过挫折的人生，才是经过检验的成熟人生。

逆境的意义

有这样一个形象的比喻：上帝在每个人命运天平的两边，一边放上名利、权位、成功等，而在另一边则放上相同重量的代价。同样，人的一生，顺境和逆境的数量与重量也是大体相等的。这也如同昼夜轮转，形影相随一样，是没法分得开的。你不可能一生只顺不逆，同样，也不可能一辈子只逆不顺。而在一定意义上讲，一个人成就的大小往往和经历过的坎坷、逆境成正比。世界上没有无代价的成功，也没有不经逆境的胜利。

植物界亦然，如干旱可让植物将根扎深，狂风可让其根扎牢。生长快的树木材质软，生长慢的树木材质硬。庄稼蹲苗是为在合适的时候更好地生长做准备，“有钱难买五月旱”，即是为了让庄稼经历“逆境”。否则，一切风调雨顺，庄稼可能长得太快，但若遇大干旱很可能会被干死，一遇暴风可能会被连根拔起。你稍留心观察就会发现，最先被刮倒的树往往是大树、新树、枝叶茂密但扎根浅的树；最先被旱死的庄稼往往是处在风调雨顺并被人呵护有加的沃土中的庄稼。而谁见那些无人管的野草被旱死过呢？人亦然，经常闹点儿小毛病的可能会长寿，而从来不生病的人一旦得病则往往会致命。

物质的生命若此，人的社会生命也不例外。恩格斯说，不幸是一所伟大的学校，此话极深刻。世界上只有一种不幸比任何不幸都更为不幸，那就是一辈子都未遇到过不幸。尽管谁都不愿意遇到逆境，但能让人变得聪明、成熟一点的办法只能是挫折与逆境，而不是其他。因此，你应该把逆境当做上天的恩赐，愉快地接受下来。到你老了的时候，莫说平庸的日子难以回忆得起，就是那些鲜花似海和掌声如雷的岁月也远没有经历挫折的生活更值得回味。不信你看，说书唱戏哪个讲的不是困难、问题、挫折和斗争呢？文似看山不喜平嘛，一壶白开水肯定会让人乏味的。

延安时期有人曾问毛泽东为什么能成功，他说：“是贫困和没有任何背景。”他老人家在50年代末时还说过：“屈原如继续做官，他的文章就没有了。正是因为开除官籍，下放劳动，才有可能接近生活，才有可能产生《离骚》这样好的作品。”在这个意义上讲这也是因祸得福。

人们互致祝贺时往往会说“万事如意”之类的话，其实这是根本不可能的。“不遂心事常八九，知心朋友无二三”，世间万事不如意是常态，因此把心态调整好，别抱幻想是最主要的。

让生命突出重围

出生于美国的普拉格曼连高中也没有读完，却成为一位非常著名的小说家。在他的长篇小说授奖典礼上，有位记者问道：你事业成功最关键的转折点是什么？大家估计，他可能会回答是童年时母亲的教育，或者少年时某个老师特别的栽培。然而出乎意料的是，普拉格曼却回答说，是二战期间在海军服役的那段生活。

1944 年 8 月一天午夜，我受了伤。舰长下令由一位海军下士驾一艘小船趁着夜色护送身负重伤的我上岸治疗。很不幸，小船在那不勒斯海迷失了方向。那位掌舵的下士惊慌失措，想拔枪自杀。我劝告他说：“你别开枪。虽然我们在危机四伏的黑暗中漂荡了 4 个多小时，孤立无援，而且我还在淌血……不过，我们还是要有耐心……”说实在的，尽管我在不停地劝告着那位下士，可我自己也没有一点信心。但还没等我把话说完，突然前方岸上射向敌机的高射炮的爆炸火光闪亮了起来，这时我们才发现，小船离码头还不到 3 海里。

普拉格曼说：那夜的经历一直留在我的心中，这个戏剧性的事件使我认识到，生活中有许多事被认为是不可更改、不可逆转、不可实现的，其实大多数时候，这只是我们的错觉，正是这些“不可能”才把我们的生命“围”住了。一个人应该永远对生活抱有信心，永不失望，即使在最黑暗最危险的时候，也要相信光明就在前头。

二战后，普拉格曼立志成为一个作家。开始的时候，他接到过无数次的退稿，熟悉的人也都说他没有这方面的天分。但每当普拉格曼想要放弃的时候，他就想起那戏剧性的一晚，于是他鼓起勇气，一次次突破生活中各种各样的“围”，终于有了后来的辉煌。

这使我又想起了另一个故事：一天早晨，电报收发员卡纳奇来到办公室的时候，得知由于一辆被撞毁的车子阻塞了道路，铁路运输陷入瘫痪。更要命的是，铁路分段长司各脱不在。按照条例，只有铁路分段长才有权发出调车令，别人这样做则会受到处分，甚至被革职。车辆越来越多，喇叭声、行人的咒骂声此起彼伏，有人甚至因此动起手来。“不能再等下去了。”卡纳奇想。他毅然发出了调车电报，上面签着司各脱的名字。司各脱终于回来了，此时阻塞的铁路已畅通无阻，一切顺利如常。不久，司各脱任命卡纳奇为自己的私人秘书，后来司各脱升职后，又推荐卡纳奇做了这一段铁路的分段长。发调车令属于司各脱的职权范围，其他人没人敢突破这个“围”，但卡纳奇这样做了，结果他成功了。

仔细想来，每个人其实都有着这样或那样的“围”：主观认识上的偏见、个性上的不足、客观环境中的陈规陋习等，这些都制约着我们实现生命价值的最大化。如果我们想在一生中有所作为，我们就必须要学会不停地突围。

然而，一个人要突破各种各样的“围”，并不是一件容易的事。首先，我们要有识“围”的智慧。有的“围”是明摆着的，我们一看就知道它妨碍着我们走向远方。但有的“围”是“糖衣炮弹”，你看不到它对你的妨碍，或许你看到了也会有意无意地纵容它挤占心灵的地盘。其次，我们要有破“围”的实力。要突破主观的“围”，我们只需依赖意志；突破客观的“围”，则必须依靠经验与能力了。比起前者，后者的获得更艰难，付出的代价也更惨重。

突围是我们给予自己的最好的礼物，如果把我们向往的生活比做一个小岛，突围就是一条通向它的便捷航道；如果把我们的生命比做一块土地，突围就是那粒通向秋天的种子；如果把我们的人生比做天空，突围就是那轮光芒四射的太阳……一个人可以出身贫贱，可以遭受屈辱，但绝对不能缺少突围的精神，因为没有这种精神，你就会失去行走的能力，永远也抵达不了美好的人生彼岸。

坦言失败

1928 年，大散文家沈从文被当时任中国公学校长的胡适聘为该校讲师。沈从文时年 26 岁，学历却只是小学文化，当他带着一身泥土气闯入十里洋场的上海后，时间不长，即以灵气飘逸的散文而震惊文坛，当时已颇有名气。

但是，名气不是胆气。在他第一次走上讲台的时候，除原班生外，慕名而来听课的人很多。面对台下满堂坐着的渴盼知识的莘莘学子，这位大作家竟整整呆了10分钟，一句话也说不出来。后来开始讲课了，可原先准备好的要讲授一个课时的内容，被他三下五除二地10分钟就讲完了，离下课时间还早呢！但他没有天南海北地瞎扯来硬撑“面子”，而是老老实实地拿起粉笔在黑板上写道：“今天是我第一次上课，人很多，我害怕了。”于是，这老实的、可爱的“坦言失败”，引起全场一阵善意的笑声……胡适知道后，评价沈从文的这次讲课，认为是“成功”的！

大千世界，无论大至进行革命或经济建设、社会改革，小至生活中的琐碎小事，失败都是难免的。连伟人、名人都有许多失败的经历，更别说我等凡夫俗子了。从这一角度而言，失败并不可怕，最可怕的是自己不能够坦言失败和善待失败。

有句老掉牙的格言叫做“失败为成功之母”。如果深入思索一下，我们就不难发现，它的界定似乎还不够全面和准确，因为不是所有的失败都会成为“成功之母”的。试想，如果说失败了却不敢坦言失败，不能善待失败，不能从中找出原因，吸取教训，对症下药，另作求索，而是失败了也无所谓，甚至自欺欺人地找些借口，诸如什么“交学费”之类，来掩盖失败，原谅自己，那不就只能是“失败复失败”吗？此类事在我们生活中并非鲜见矣。

坦言失败的前提，是需要有光明磊落的胸襟和正视自我的勇气。善待失败应是对自己失败的原因有所了解和发现，从而才有科学的举措，这样就不会重蹈覆辙。只有这样的既敢“坦言”又能“善待”的“失败”，才会成为“成功之母”。

沈从文对第一次上课的失败能坦言以待，找到失败的症结，之后又“不声不响地做自己的工作”，讲课终于能挥洒自如了，以后辗转任教各大学，一直备受学生的推崇，这也就为他日后在文学上的辉煌成就找到了“成功之母”。

社会总是在胜利、失败的反复交替下前进的，没有失败，怎能奢谈进步？我们的人生不也是如此吗？失败并不可怕，可怕的是不能够坦言失败和善待失败啊！

年轻没有失败

古老的西班牙有一种说法：有一类人身上流淌着蓝色的血液，他们信

仰数字,崇尚效率,是天才中的天才。后来西方就以“蓝血”来形容那些智慧和勤奋的精英才俊。这里有一则“蓝血者”的故事:

我大学毕业后一直不安分,分到了一家很多人羡慕的国企,尽管牌子响亮,可是给年轻人的待遇并不公正,所以我总是跃跃欲试,在跳槽和留下来之间摇摆。在理智地权衡之后,我选择了一个折中的办法,就是通过“病休”的方式获得了一年的自由时间,我计划到南方独闯天下。

据说,上帝(如果有的话)创世只用了 7 天的时间,而我现在有了 365 天,并且我觉得我的积累已经够了,勤奋、平和、志向远大,这些都给了我无穷信心,我觉得出人头地是迟早的事。

1998 年底,我携带 5 万元钱来到南方一个叫东莞的小城市,我选择了电脑行业,那是我喜欢而且熟悉的领域,我希望风能顺着我刮。实际上我可以有 10 万元的本钱,其中 5 万是我业余时间打工、帮人组装调试电脑以及写稿赚来的,可以说里面有很多勤奋的付出,还有 5 万是父母准备给我买房子的,可是我没要,那是我头一次拒绝父母的好意,我把钱偷偷塞到母亲的床下,然后就走了。

和我一起走的还有我的好友——姜,上海交大计算机系的毕业生,这个和我一起研究网络的伙伴,总想开一家自己的公司,我俩走到了一起。

初到东莞时很不顺利,为了办“海舟电脑公司”的全部手续,我跑了整整一个月,主要是因为语言的问题和我们的经验不足,我们听不大懂地方方言,很多程序也不了解,后来还是靠在东莞的同学帮助,总算安定下来。然后是租场地和购买主机、服务器,几乎花光了我们所有的本钱,饮食都成了问题,每天靠方便面度日,但我和姜都精力十足,每天工作到晚上 12 点,当时主要还是组装电脑,卖配件,以及翻译一些英文的电脑资料,我们的第一批流动资金就完全是靠给大公司翻译资料挣来的。

第三个月,公司开始了正式的运行,搞网站建设,给企业建主页,同时开始一个网上购物的虚拟超市的软件系统编制,当时在东莞使用电子商务的并不多,也得不到认同,我和姜举步维艰,公司也是惨淡经营,几乎没有什么收入,好在后来给一家旅游公司建了一个站点,我们才能坚持下去。

尽管我和姜当时在精神和体力上很受打击,可我们自己鼓励自己,我们天天关注网络的发展,研究国内外的动态。美国的甲骨文公司(电脑行业)的总裁兼执行长——艾里?埃利森在困难时期说过:“我们不赢,算不了什么,只要我们不输!”可以说,当时我和姜主要是靠这句话来苦苦支撑的。事实证明,埃利森很有远见,他的公司获得巨额利润,他名声显赫,事业如日中天,后来经常开着一架3500万美元的意大利马切蒂喷气式战斗机在纽约招摇。我和姜的努力也慢慢得到了回报,我们熬过一阵冰冻期之后,公司的发展渐渐有了转机。

开始有很多大电脑公司和一家电信局来找我们, 他们对我们的网上购物虚拟超市软件系统很感兴趣,纷纷表示购买的意向,这时已经是半年过去了,这个软件耗费了我们全部的成本和精力,所以我们报价很高,很多商家退却了,我们的电脑公司也处在彷徨之中,这是因为很多商家没有意识到软件的价值, 国内的网络商家在一定程度上都抱着怀疑和观望的态度。

这期间我们没有想到的一件事发生了。不久全球经济陷入低潮,电脑行业遭受重创。我们的海舟公司也是风雨飘摇, 我和姜终于咬牙下定决心,低价出售虚拟超市软件。

危机过去了,我们重新有了资本,不过几乎没有赚到钱。刨去开支成本,只能算是保本,尽管我学到很多知识,但信心开始萎缩,更让我遗憾的事接踵而来,公司的骨干——我的好友姜被收买软件的公司挖走了。他选择了适合他发展的天空,我没有挽留他,彼此只是伤感地分手。

剩下我一个人独撑门面,既跑市场又搞软件,我没有雇人,当地技术人员太缺乏,而且我的经济支出也是问题。同时我也想争口气,越是在艰难的条件下,我越想看看自己的反弹力到底有多大。后来的几个月,我瘦得有点脱相。

没到一年结束,我最终还是放弃了。财富的积累靠的是权力加运气加能力,前两者我没有,能力也许有一点儿,但似乎微不足道了。我最后做了一下财务清算,悄悄离开了我第一个闯荡的城市——东莞。

我重新回到了原来的单位,我还没有山穷水尽,得与失、赔与赚都不是我主要考虑的问题了, 漂泊和动荡中的遭遇让我明白很多安静环境中无法领悟的道理,好在我还没有失去心中的力量,心智的成熟比奋斗的结果更为重要。我明白处在关口的年轻人应该怎样对待激情对待理想,首先是界定自己,然后是走出自己的领域,尝试着用各种各样的组合,最后用最好方式来实现自己的理想！

另外，年轻人还得保持自己真实的个性，永不言败是必要的。虽然大多数人在选择时总以别人是放弃还是争取来参照，也因为曾经跌倒或者失去而犹豫，但别人毕竟是别人，过去毕竟是过去，关键是要时刻看着自己，想着现在和未来！

你必有一样拿得出手

我的一位商界朋友，45 岁的时候，移民去了美国。

大凡去美国的人，都想早一点儿拿到绿卡。他到美国 3 个月后，就去移民局申请绿卡。一位比他早先到美国的朋友好心地提醒他："你要有耐心等。我申请都快 1 年了，还没有批下来。"

他笑笑说："不需要那么久，3 个月就可以了。"

朋友用疑惑的目光看着他，以为他是在开玩笑。

3 个月后，他去移民局，果然获得批准，填表盖章，很快，邮差给他送去绿卡。他的朋友知道后，十分不解："你年龄比我大，钱没有我多，申请比我晚，凭什么比我先拿绿卡？"他微微一笑，说："因为钱。"

"你来美国带了多少钱？"

"10 万美元。"

"可是我带了 100 万美元，为什么不给我批反而给你批呢？"

"我的 10 万美元，在我到美国的 3 个月内，一部分用于消费，一部分用于投资，一直在使用和流动。这个，在我交给移民局的税单上已经显示出来了。而你的 100 万美元，一直放在银行里，没有消费，也不投资。所以他们不批准你的申请。"

原来如此。

美国是一个十分注重效率的国家，你要对美国的社会经济发展有益，美国才会接纳你。在美国拿绿卡，只有两种人可以，一种是来美国投资或消费，还有一种人就是有技术专长。

这位商界的朋友前不久回国，给我讲了一个他在美国移民局亲眼目睹的事，使我更加深刻地理解了美国。

他在美国移民局申请绿卡的时候，曾经遇到过一位中年妇女，从她被晒成古铜色的皮肤看，可以断定是一位户外工作者。出于好奇，他上前和她搭话，一问才知道，她来自中国北方的农村，因为女儿在美国，才申请来美。她只读完了小学，汉语都表达不好。

可就是这样一位英语只会说“你好”、“再见”的中国农村妇女，也在申请绿卡。她申报的理由是有“技术专长”，移民官看了她的申请表，问她：“你会什么？”她回答说：“我会剪纸画。”说着，她从包里拿出剪刀，轻巧地在一张彩色亮纸上飞舞，不到3分钟，就剪出各种栩栩如生的动物图案。

美国移民官瞪大眼睛，像看变戏法似地看着这些美丽的剪纸画，竖起大拇指，连声赞叹。这时，她从包里拿出一张报纸，说：“这是中国《农民日报》刊登的我的剪纸画。”

美国移民官一边看，一边连连点头，说：“OK！”

她就这么OK了。旁边和她一起申请而被拒绝的人又羡慕又嫉妒。

这就是美国：你可以不会管理，你可以不懂金融，你可以不会电脑，甚至，你可以不会英语。但是，你不能什么都不会！你必须得会一样，你要竭尽全力把它做到极限。这样，你就会永远OK了！

寻找一个好把杆

上山下乡时，有一次扛着生产队发的大锄头到田里去除草。原以为挺简单的活儿，干起来才知道稍不小心锄头就打偏、翻转，屡屡伤及秧苗。约个把小时光景，我就累得满头大汗疲惫不堪，手磨起了串串水泡，进度也大大地落在其他人后面。休息时，一位老伯发现了我手上的血迹，就拿过我的锄头看了看，又试了试，然后说：

“小伙子，什么锄都得有个好‘把杆’才行。”他和我交换了工具，我再干起来果然非常顺手、轻松，进度也明显加快。收工的时候我还老伯锄头，他说等我先给你换个好“把杆”吧。老伯做“把杆”的时候我去看了，才知道没有天生的好“把杆”，需要选材、去毛皮，对弯曲的部分在用火烤之后还要用重量合适的石头压一段时间使其挺直，待晾干后再擦磨掉毛刺。到这时“把杆”才算基本合格了。

返城后，我十分痛惜那些蹉跎过去的宝贵年华，因此抓紧一切时间拼命学习文化知识，但却忽视了其他方面素质的培养与完善，因此与许多好的东西失之交臂，工作生活中也平添了许多不必要的阻力。环视周围，我发现亦不乏聪明有才智的人，但不少人都有着这样或那样的毛病：有的瞻前顾后，有的恃才傲物，有的鲁莽急躁，有的自私自利，更有甚者性格扭曲两面三刀阴险毒辣。最可怕的是许多人往往缺乏自知，其人生之路也就可想而知了。

幸亏我对自己这些发现得早，反观自省的同时，每每想到苦难岁月里的那把锄头和那根“把杆”，深深体会到：锄头好比人的能力，固然要锋利，但如果没有一个好的“把杆”，它们也得不到应有的发挥，有时甚至还会伤人或自伤。我想告诉那些抱怨怀才不遇伯乐难寻的人，你还是赶快为自己寻找一个好“把杆”吧。

一心一意

一个人的精力和才智是极其有限的，面面俱到者，终将一事无成。我十分了解那些见异思迁的人。他们一会儿觉得“我能成为一名伟大的音乐家”，一会儿又认为“办企业对我来说易如反掌”，一会儿又说“我若涉足政界，准能一举成功”。请相信，这类人终将只是业余的音乐爱好者、破产的工厂主和失败的政客。拿破仑曾说：“战争的艺术就是在某一点上集中最大优势兵力。”生活的艺术则是选择一个进攻的突破点，全力以赴地进行冲击。职业的选择不能听任自然，初出茅庐都应该扪心自问：“我干什么合适，我具备什么能力？”如果力所不及，强求也是徒劳。如果你有个大胆又果敢的儿子，与其让他去坐办公室，倒不如训练他去当飞行员。而选择一旦做出，除非发生错误或严重意外，你万万不可反悔。

在已确定的职业范围内，仍有必要做进一步的选择。哪一位作家也不可能各种小说都写，哪一位官员也不可能改革一切，哪一位旅行家也不可能走遍天涯海角。给你一点必要的选择时间，但是有限。军人在充分考虑了一道命令的后果之后，他们习惯于在讨论中一语定夺：“执行！”请以同样的方式，结束你的自我讨论吧。“明年我干什么？准备这门考试，还是那门？是去国外深造，还是进这家工厂？”对这些问题，反复考虑是自然的，但是为自己限定一定的时间也是必要的。时间一过，就应当做出决定，“执行”的决定已做出，后悔是没用的。因为，世上的事情总是在千变万化。

为了保证忠实地执行自己做出的决定，经常制定既能体现长远规划，又能显示近期目标的工作计划是有益的。几个月之后、几年之后，再回头看看当初的计划，我们会对自己的能力和素质产生信心。但是，在计划的众多项目中，分清轻重缓急十分重要。在这方面，应该倾注全部的心血，全心全意干你该干的事。让你的思想和行动都朝着一个目标努力。当你达到目的的时候，你就可以回顾一下以往的足迹，察看一番走过的弯路，只要事业未就，就必须勇往直前。对于什么都感兴趣的人是讨人喜欢的，但是干事业，你只能在一定的时间内专心致志于一个目标。美国人讲："一心一意。"虽然你常常会被一些纠缠不清、难以下手的问题搅得心烦意乱，但是经过不懈的努力，最终一定会排除障碍。

一生干好一件事

在荷兰的一个小镇上，有一位年轻的看门人，也许是因为工作太轻闲，为了打发时间，他选择了打磨镜片这个细致的活儿作为自己的业余爱好。就这样，他看门 60 多年，也把那神秘的镜片打磨了 60 多年。功夫不负苦心人，凭着自己研磨的镜片，这位看门人看到了当时人们尚未知晓的另一个广阔世界——微生物世界。此后，他声名远播，只有初中文化的他，被巴黎科学院授予院士头衔，连英国女王都到小镇来拜会他。这位一生磨一镜的看门人就是曾活到 90 高龄的荷兰科学家万?列文虎克。列文虎克的成功给世人以启示：一生干好一件事。宇宙无涯，人生有限，每个人都应当把有限的时间与精力集中起来，做一件应当做、可以做的实实在在的事情。确定目标之后，就必须凝聚起自己的全部心力、体力，焚膏继晷、心无旁骛、坚守初衷直到成功。哥伦布出生入死年复一年地在汪洋大海上漂泊探险，终于发现了美洲大陆；袁隆平沿着田埂从满头青丝一直走到白发苍苍，他孜孜以求的除了杂交水稻还是杂交水稻。其实，这世上能够一生干好一件事的普通人万万千千，他们凭着自己的执著为这个世界添砖加瓦，这个世界才会变得越来越美好。

"一生磨一镜"，是做人的一种方式，一种风格，或者说，是一种活法。贝多芬之于音乐、毕加索之于绘画、柏拉图之于哲学、司马迁之于史学、曹雪芹之于文学等等，都与列文虎克"一生磨一镜"的精神是一致的，让我们确定好自己的人生坐标,坚持不懈地干好自己该干也能干的一件事,这辈子也就没有白活了。

成功始于小事

伏尔泰说得好,使人疲惫不堪的不是远处的高山,而是鞋子里的一粒沙子。在人生的道路上,我们很有必要随时倒出鞋子里的那粒沙子。

生活中,将你击垮的有时并不是那些巨大的挑战,而是一些非常琐碎的小事。不少人都有过这样的体验:当灾难突然降临时,人们常会因恐惧、紧张而本能地产生出一种巨大的抗争力量。然而,当困扰你的是一些鸡毛蒜皮的小事时,你可能就会束手无策,因为它们是生活的细枝末节,微不足道。然而,正是这些看似微不足道的小事,却能无休止地消耗人的精力。

一个人要建功立业,也需要从一件件平平常常、实实在在的小事做起,正所谓"千里之行,始于足下"。一个有志有为的年轻人,必须自觉地从身边的"举手之劳"做起,即使做一件很微小的好事也比视善小而不为的人强,因为"天下难事必作于易,天下大事必作于细"。

在美国标准石油公司里,曾经有一个小职员名叫阿基勃特,他在远行住旅馆时,总是在自己签名的下方,写上"每桶 4 美元的标准石油"字样,在书信及收据上也不例外,只要签了名,就一定写上那几个字。他因此被同事叫做"每桶 4 美元",而他的真名倒没有人叫了。

公司董事长洛克菲勒知道后,说:"竟有职员如此努力宣扬公司的声誉,我要见见他。"于是他邀请阿基勃特共进晚餐。后来,洛克菲勒卸任,阿基勃特成了该公司的第二任董事长。

这是一件谁都可以做到的事,可是只有阿基勃特一个去做了,而且坚定不移,乐此不疲。嘲笑他的人中,肯定有不少才华、能力都在他之上,可是,最后只有他成了董事长。

一个人的成功,有时纯属偶然,可是,谁又敢说,那不是一种必然呢?

恰科是法国银行大王,每当他向年轻人回忆过去时,他的经历常会令闻者沉思起敬。人们在羡慕他的机遇的同时,也感受到了一个银行家身上散发出来的特有精神。

还在读书期间,恰科就有志于在银行界谋职。一开始,他就去了一家最好的银行求职。一个毛头小伙子的到来，对这家银行的官员来说太不起眼了，恰科的求职接二连三地碰壁。后来，他又去了其他银行，结果也是令人沮丧。但恰科要在银行里谋职的决心一点儿也没受到影响，他一如既往地到银行求职。有一天，恰科再一次来到那家最好的银行，“胆大妄为”地直接找到了董事长，希望董事长能雇用他。然而，他与董事长一见面，就被拒绝了。对恰科来说，这已是第 52 次遭到拒绝了。当恰科失魂落魄地走出银行时，看见银行大门前的地上有一根大头针，他弯腰把大头针拾了起来，以免伤人。

第二天，恰科又准备出门求职，在关门的一瞬间，他看见信箱里有一封信，拆开一看，恰科欣喜若狂，甚至有些怀疑这是否在做梦——这是那家银行的录用通知。

原来，昨天就在恰科蹲下身子去拾大头针时，恰巧被董事长看见了。董事长认为如此精细小心的人很适合当银行职员，所以，决定雇用他。恰科是一个对待一根针也不会粗心大意的人，因此他才得以在法国银行界平步青云，终于功成名就。

于细处可见不凡，于瞬间可见永恒，于滴水可见大阳，于小草可见春天。上面说的都是一些“举手之劳”的事情，但不一定人人都愿“举手”，或者有人偶尔为之却不能持之以恒。可见，“举手之劳”中足以折射出人的崇高与卑微。难怪古人云：“勿以善小而不为。”

年轻的朋友，在人生的道路上，千万莫忽视琐碎的小事啊！

警惕“小敌”

记得小时候经常下现在已经很少见到的兽棋：兽棋中有象、狮、虎、豹、狼、狗、猫、鼠等 8 种动物棋子，规则是象吃狮、狮吃虎、虎吃豹、豹吃狼、狼吃狗、狗吃猫、猫吃鼠、鼠吃象。以那时的知识和心态，对于从象到鼠的依次吃法，自然没有什么“异议”，可对鼠吃象却大惑不解：象是百兽之王，如此庞然大物，怎会被小小的老鼠吃掉？后来老师告诉我们，老鼠能够通过大象的鼻子钻到大象的脑子里，慢慢地把大象的脑子吃空而使大象死掉。

这真是一种堪称神奇的游戏规则。然而，游戏规则反映的恰恰是不可违背的自然法则,动物界里像这类“以小吃大”的奇闻趣事屡见不鲜。

——在非洲大草原上,有一种动物叫吸血蝙蝠,它身体虽小,却是野马的天敌。这种蝙蝠时常趴在马腿上,用锋利的牙齿迅速咬破野马的腿,然后用尖尖的嘴吸血,无论野马如何蹦跳和奔跑,都无法驱逐这种蝙蝠,因为它实在太小了,小到无法用力与之争斗。于是蝙蝠以其细小的身体,从容不迫地贴在野马的身上,让野马在暴怒和流血中无可奈何地死去。

——在亚热带原始森林中,有一种名叫斑螯的刺猬科小动物,如果遇到老虎之类的猛兽,它会本能地缩成一团,并散发出一种肉香。猛兽闻之顿时胃口大开,便一口将它吞了下去。谁知,那斑螯立即在猛兽腹内摆开战场,直搅得猛兽五脏俱裂,痛得满地打滚。最后,斑螯沿大肠直下,出肛门收兵,而威风凛凛的猛兽却一命呜呼了。

大象、野马、老虎之类的庞然大兽为区区老鼠、蝙蝠、斑螯们所杀,实在是动物界的悲剧。然而,通过动物界的这些悲剧,我们却可以看到存在于人性中的种种惯性和弱点。不是吗?当倾盆大雨来临时,我们常常会使用所有的避雨工具或躲雨措施而能够“安然无恙”,可在毛毛细雨之中,却会不知不觉地弄湿衣裳;当与名将高手叫板时,我们往往会竭尽全力奋勇拼杀而出奇制胜,可与无名小辈对阵时,却可能遭遇惨败而大爆冷门。在突如其来的灾难面前,我们常常会智勇双全顽强地进行抗争,可在一些鸡毛蒜皮的小事面前,却每每显得无可奈何、束手无策;在各种急难险重任务面前,我们往往会调动一切力量去奏响凯旋之歌,可对那些不费吹灰之力便可完成的举手之劳,却常常不能用其心而善其事。

一位哲人曾经说过,使人疲惫不堪、难以阔步远行的不是横亘在面前的高山峻岭,而是掉进自己鞋子里的一粒微不足道的细小沙砾。事实确实如此。兵临城下、大敌当前,我们会破釜沉舟、拼死一战,结果往往能绝处逢生、反败为胜;但面对各种与自己力量相差悬殊的“小敌”时,我们常常会麻痹大意、掉以轻心,结果在不知不觉中为“小敌”所战胜。借用一位伟人说过的话:我们没有被强大的敌人所征服,却在细枪小弹面前打了败仗。因此,当一种东西小到远不是自己对手的时候,我们反倒应当格外地提高警惕,绷紧戒备之弦,切不可迷迷糊糊地使优势丧失殆尽。

再添一把柴

有一个商人，当有人问其成功的秘诀时，他只说了一句话："再添一把柴。"

很久以前看过这样一幅漫画：一个挖井的人，他一连挖了好几口井，都没看到水。并不是没有水，事实上，他只要将其中任何一口井再挖深一点点就行了，但他没有，结果所有的工夫都白费了。

在现实生活当中，我们总是抱怨这个世界提供给我们的机遇太少，而一旦机遇来了，抓住了，又抱怨成功太难。尽管我们曾经也投入过，拼搏过，但就在成功即将来临的时候，我们却退却了，放弃了。我的一位朋友就是这样：一个偶然的机会，他相中了一种新产品，并满怀信心地将它推向市场。一段时日后，这种新产品并没有像他预料的那样给他带来可观的利润，他便咬咬牙又撤了回来。

不久，这种新产品再次在市场上出现，竟然十分畅销。后来，朋友懊悔不已，说在这种产品还没有被大众了解和接受的时候他强调的只是结果，而当这种产品逐渐得到人们的认同时，他却撤了回来，结果让别人捡了个大便宜。

其实，有时成功离我们只有一步之遥了，关键时刻，也正是要再添一把柴的时候。

再添一把柴，99 摄氏度的水就能达到沸点！

自我检讨法

一个法国留学生曾讲过自己在法国亲身经历的几则故事：

刚到法国时，去朋友家做客，吃饭时朋友 8 岁的孩子用一小块面包逗小狗玩，狗跳起来撞翻了他手中的盘子，盘子碎成了几块，男孩对父母说："你们看见了，是小狗打碎了盘子，不是我的错。"母亲说："盘子确实是小狗撞翻的，可是你有没有错？"男孩大叫："是小狗的错，不是我的错。"父亲过来叫孩子离开餐桌到他自己的房间里去，要他好好想想自己究竟有没有错。十几分钟后，男孩走出房间说："小狗有错，我也有错，我不该在吃饭时逗狗，这是你们多次对我说过的。”父亲笑了：“那么今天你就该为自己的错误承担责任，收拾餐桌，并拿出零用钱赔这只盘子。”男孩同意了。

我在法语学院读书时，如果晚上有课的话，下课后就必须跑步赶地铁回家，否则就得在车站多等 1 个小时。某天晚上赶到地铁站，见车已进站，我急忙在打票机上打了票，并且清楚地听到了“咔嚓”一声。车到终点时遇上了查票员，我取出票来顿时傻了眼，原来刚才那台打票机并没有在我的车票上留下任何印记。查票员不容辩解便对我以逃票处置，罚款 150 法郎。我大喊冤枉，因为我确实打了票，一定是打票机出了故障。查票员打电话询问那个车站，结果不出我所料，有一台打票机的油墨干了，可是查票员对我说：“打票机坏了是车站的责任，但您该问问自己有没有责任。”我说：“奇怪，我有什么责任？我只是为了赶车，打票后没多看一眼而已。”查票员说：“这就是您的错，因为站台上有 4 台打票机，而另外 3 台是正常的，当时您完全可以避免这个错误，但是现在您必须为这个小小的错误付出代价——罚款。”

在一个阳光明媚的日子与同学去爬山，在山顶上看见一座异常豪华的城堡，城堡的大门敞开着，受好奇心驱使，我们一行人便走进了属于城堡的花园，这时候整座城堡突然警铃大作，一些法国军人冲过来将我们团团包围，要求我们出示身份证件并不许离开城堡。我和大伙一起表示抗议，理由是我们不知道这儿属于军事区域，也没有看到城堡外面那块“闲人禁止入内”的牌子。一个士兵说：“那块牌子已经挂了很多年，也许以后应该换块看上去更醒目的，但是请问你们各位有没有错？并不是所有上山的人都会闯进城堡来的。”于是我们几个被“囚禁”了 1 个多小时，直至查清了每个人的身份后才被允许下山。

搬入新的宿舍楼后我安装了电话，第一个月的账单来了，我发现上面多列出一栏租电话机的费用 19 法郎，而我并没有租机。我拿着账单找到了电话局营业室，接待我的女职员说，也许是往电脑里输入数字的工作人员疏忽了，打错了房间号码。我学着法国人的样子问这位女职员：“作为用户我只有权与营业室联系，无法找到那个出错的人，请问您和营业室有没有错呢？”几天后，我收到营业室的一封信，代表电话局向我道歉，同时减去我的部分电话费作为对我无故跑了一趟电话局的赔偿，并承认营业室的工作确有需要改进的地方。

在法国很少听到诸如学生因考试迟到而抱怨天气或堵车，也没见过谁不小心踩上了狗屎而责怪邻居为什么在这儿遛狗。法国人认为碰上了不愉快的事后再去强调客观因素已于事无补，而这时扪心自问自己有没有错或怎样避免下次再犯同样的错误才是好办法。旅法多年，却从未见过法国人在公共场合吵架，看来这个民族长期奉行的自我检讨习惯，真不啻为一种润滑剂，它最大限度地减少了人际交往中的摩擦。

失败者的致命弱点

儿时住在乡下外婆家，我遇到过一件刻骨铭心的事至今仍记忆犹新，常常对家人和朋友说起。

一天，我同表哥一起上山去砍柴。没想到藏匿在草丛中的一条毒蛇突然像箭一样，“嘭”的一声扑向表哥，狠狠地在他脚上咬了一口。他痛苦不堪，满头大汗，被咬的那个脚趾迅即肿了起来，变得乌黑，就在这时，只见表哥咬咬牙，果断地用柴刀剁断了这个脚趾。看着这惊心动魄的一幕，我吓得目瞪口呆。表哥接着草草地包扎了一下伤口，在我的搀扶下下了山，到了医院。后来，表哥虽然少了一个脚趾，但短暂的痛苦却保住了他的性命。

获取从舍弃中来，表哥的性命正是在失去一个脚趾后才得以捡回来的。的确，在人生的许多关键时刻，只有下定决心，敢于舍弃，才能把握住获取更长远利益的机会。在面临无法避免的挫折时，应该选择最佳的失败方式。

取舍往往决定成败。作为一名成功者，他的高明之处在于通过果敢的舍弃来抓住往往被别人忽视的机遇，从而为自己争取了大展宏图的舞台，而失败者的致命弱点是难以割舍小利，固守着眼前的好处，最终舍弃了更加长远的目标。

古代著名文人柳宗元曾写过一篇题为《蝜蝂传》的文章，它寓意深刻，读后给人以深刻的启迪。

蝜蝂是一种昆虫，它在爬行的时候，贪婪的双眼四处张望，只要是看到了自己的中意之物，就会毫不犹豫地将其驮在背上。而它所喜欢的东西实在太多了，结果身体不堪负重，最后一命呜呼。

蝜蝂不愿舍弃，到头来为物所累而丢了性命，人财两空，岂不悲哉！

忘掉那只茶壶

曾听过一个故事，说有一个人担着两筐茶壶去集市上卖，谁知在经过一个山坡时，几只茶壶从筐里掉出来，摔了个粉碎。他头也不回地向前走，这时有人提醒他说："喂，你的茶壶摔碎了，你还不快看看！"这人回答说："既然已经摔碎了，看又有什么用呢？"

这个人堪称是一位智者，因为在生活中能做到像他一样的实在不多。我们见到更多的人是患得患失、斤斤计较，面对已经打碎的"茶壶"，叹息一番，后悔不已，结果白白浪费了时间不说，还可能因为分神而打碎更多的"茶壶"。

对人生而言，随时都会有意想不到的事情发生，有时远远比打碎一只茶壶更为严重。人人都渴望成功，然而成功并非是唾手可得的，需要经历许多的挫折和失败，才有望实现。当你面对一些不幸或者打击时，你能不能潇洒地挥一挥手，告别昨天，从头再来，这一点至关重要。世界著名话剧演员波尔赫德，在世界戏剧舞台上活跃了 50 多年，但在她 71 岁时，一场意外的事件导致她破产了，而更糟糕的是，她的腿部由于受伤引起脉管炎，不得不截肢。当医生忐忑不安地把这个消息告诉她时，她却平静地说："既然没有别的办法，那就面对现实吧。"

手术那天，她在手术台上高声朗诵戏剧台词，别人问她是否在安慰自己，她说："不，我是在安慰医生和护士。"后来，波尔赫德又继续在舞台上演出了 7 年。

爱迪生 67 岁那年，一场大火残酷无情地烧毁了他的研制工厂，次日早晨，爱迪生踩在那百万资产的废墟上，乐观地说："现在，我们又可重新开始一切了。"

当人身处逆境时，最重要的是培养适应环境的能力。应该知道，通向成功的路不止一条，没必要一条路走到黑。忘掉那些恼人的事并不意味着背叛了你的初衷。放弃无可挽回的事也并不说明你的整个人生从此就暗淡无光了。须知，上帝在向你关闭一扇门的同时，也向你敞开了另一扇门，你完全可以以退为进，以守为攻，一旦时机成熟，你就会反败为胜。

学会忘记

房间里的东西太多、太乱，会使人感到压抑、不舒畅，人的心房不也如此吗？房间里杂七杂八的东西多了，就要清理，该整理的整理，该搬的就搬，该扔的就扔，人的心房又何尝不是如此？

清理心房的“搬”和“扔”，叫做“忘记”。

忘记，有时候比记住更重要。亲朋之间偶有不快，邻里之间偶生摩擦，领导表扬偶有疏漏，奖金分配偶有不公……陈谷子烂芝麻鸡毛蒜皮之类的小事把心房塞得满满的，始终耿耿于怀，放弃不下，鸡争鸭斗无止无休，这样的人，又怎能活得轻松而舒畅？

还有的人，心房里充斥的是个人名利是非恩怨针尖儿大的得失，静寂之时，如牛反刍，越想越悔，越悔越恨，越恨越想，愁思阵阵，怨恨悠悠；或本无过，却高度“敏感”，杯弓蛇影，镜花水月，搁在心房，久不能除，乃至悲积愤重，忧思成病，沉沦不起。这样的人虽说不与人争，但活得又怎能不彷徨而苦闷？

生活的竞技场上，我们每个人都是赛手，但赛出的结果千差万别，撇开环境、机遇等因素，其根源往往就是因为精力分配不同。人的精力是一个常数，有所不为才能有所为，不会忘记也就不会记住。生活需要记住，记住经验、记住关怀、记住友谊、记住爱情……但生活也需要忘记，忘记人生的坎坷，可以扫除烦恼；忘记成功的辉煌，可以永远前进；忘记个人的恩怨，可以获得平和的心态和良好的人际关系。生活就像过滤器，只有滤去的杂质，才能留下精华，从而走好今天的路，活出风采。不会忘记，被名利缠身，为是非所累，让鸡毛蒜皮所困，就等于背上了沉重的包袱，就不可能走得轻松愉快，走得潇洒自在，就会“问君能有几多愁，恰似一江春水向东流”，活得很苦很累。

忘记，是清扫心房的能手，有了它，生活才会阳光灿烂，人生才能有乐观、坦然的心境。沉湎于旧日的失意中是脆弱的，迷失在痛苦的回忆里是可悲的。学会忘记，这是一种超脱，一种风度，一种坚强，一种对生活的忧愁痛苦的傲视与嘲讽。“度尽劫波兄弟在，相逢一笑泯恩仇”，靠的就是忘记的力量。很多时候，只有学会忘记，你才能宽容豁达，走出百忧烦心的泥潭，你才能更有朝气和活力，更有信心和力量。

定期让自己清零

人活到三四十岁之后，头脑中通常会有各种世俗的看法、固有的观念,有各种各样的污染。正是这些污染使我们的生命不再年轻,让我们丧失了许多创造力和生机。人们开始担心失去已有的名誉、地位和各种关系资源。要放弃这些东西,让自己回到最原始的状态,变成了一件很可怕的事情。正是这种担心和可怕,使人变得越来越世俗,阿谀奉承,不求上进,千方百计地讨好着这个世界,一步步地失去人性中最本质的东西,失去人性中最有创造力的东西。

哈佛大学的校长来北京大学时,讲了一段自己的亲身经历:有一年他向学校请了3个月的假,然后告诉家人不要问他去什么地方,他每星期都会给家里打个电话,报个平安。然后这位校长就去了美国南部的农村,去农场干活,去饭店刷盘子。在田里做工时,背着老板吸支烟,或和自己的工友偷偷地说几句话,他都感到很高兴。最后他在一家餐厅找了一个刷盘子的工作,只干了4小时,老板就与他结了账,对他讲:“老头,你刷盘子太慢了,你被解雇了。”这位校长回到哈佛后,虽然是自己熟悉的环境,他却感到换了另外一个天地。他说这3个月的生活重新改变了自己对人生的看法,让自己复了一次位,清了一次零。

在这个世界上,一个人要放弃自己已有的东西,是一个非常艰难的过程。一个朋友给我讲了他自己的故事:几年前,我们几个年轻人下海办公司之时,借邓公南巡的东风,我们成为先富起来的一族,完成了最初的资本原始积累,有了一个比较大的“舞台”。短短的几年,资本规模迅速扩大,在商界也成为人人都在议论的奇迹。伴随而来的是各种荣誉、拍马屁及合伙人之间的明争暗斗。有一天我突然意识到作为三十出头的人,应该摆脱这种状态,离开这个公司,重新把自己放在最原始的状态,然后重新开始。在此之前,有人把我的成功归结为运气好。改革开放初期的中国,成功似乎不是来自于权势,就是来自于好的运气,而我更看重的是自己能力的培养和提高。所以我下定决心,要让自己重新回到一无所有的状态,锻炼自己的能力,证明自己的实力。

刚一离开,许多事情就发生了翻天覆地的变化,完全出乎我的意料。

我的合伙人给我开了一个批判大会，主题是正本清源。我马上提出抗议，这位合伙人也很坦率，对我讲："把你的名字借我，让我骂你一年，等我的威信树立起来，公司稳定后，我再也不会骂你了。"似乎是我的错误，我太吝啬，一个小小的名字都不愿借给别人用一用。结果，胆小的同事不敢与我往来了，见风使舵、拍马屁的小人更是离我而去。白天我并没有感到有多痛苦，但每到晚上，我总是不断地重复着一个梦，梦见许多人在流泪，不让我离开，在不断地喊："我们需要你！"我也在不停地流泪。每次醒来后，总是发现枕头上有不少的泪水。

最近，我把这个梦讲给了一位学心理学的朋友听，她解释说，做这个梦不是他们需要你，而是你太孤单了，你需要他们。这个梦重复了许多个夜晚，终于有一天，我病倒了，流了一身的虚汗，休克在卫生间。等我醒来后，体力有些恢复，我打电话给在国外的老婆，她马上通知北京一位姓王的大姐来照顾我。这次经历，使我有一种脱胎换骨的感觉，让我真正勇敢地回到了人性最原始的状态，意志变得坚强起来。

在这个世界上一个人要活得真实、活得自然，就不要怕失去自己身外的东西，更不要为了得到这些东西而去千方百计地媚世、媚俗。有位歌星叫王菲，总是自己唱自己的歌，也不与观众交流，一向我行我素，大家还是很喜欢她，都认为她"酷"，为什么呢？因为我们需要自我的、有个性的东西，需要真实的东西。

现在有些人下岗了，被裁员了，就似乎感到天要塌下来了。其实，这没有什么了不起，几十年的计划体制，把人们惯懒了、惯坏了、惯出了许多的惰性，回到原始状态，我们一样会感到生活是很美好的。

前不久，我们写了一本《茶满了》的小册子，有好几位朋友问我们，为什么茶满了不好？为什么人的大脑中沉淀的东西越多越不好？我说，我们只有让自己处在一种空灵的状态，处在一种没有负担的状态，处在一种没有污染的状态，才能像一个空杯子一样，不断地装进智慧，装进创造力。如果一个杯子满了，没有空间了，它就变成了一个没有用的杯子了。

你懂得"自割"吗

"我看到一只蜘蛛！我看到一只蜘蛛！"

你今天中午从楼上叫着跑下来。

爸爸赶快拿着镊子，跟你上楼。

在你书桌旁的墙上，果然有一只蜘蛛在它的网里。

爸爸用镊子一下子夹住它的一只脚，它先蜷成一团，想装死，接着发现没有用，又拼命地挣扎。

我们兴奋地跑下楼。你一边跑，一边问："蜘蛛会不会跑掉啊？"

"不会！"爸爸说，"因为它不会'自割'，所以虽然只夹住八只脚中的一只，而且夹在脚尖上，它还是跑不掉的。"

爸爸打开装螳螂的笼子，又用镊子夹着蜘蛛，伸到你的宠物螳螂面前，不到一秒钟，蜘蛛已经被螳螂抓去了，剩下一只断腿，还夹在镊子上。

爸爸看了看那条断腿，感慨地对你说："你看！它的脚还是断了。它要是会自割，牺牲一只脚，说不定早就跑掉，而不致送命了。"

你说你不懂什么叫"自割"，现在爸爸就解释给你听吧！

"自割"是动物的一种逃生方法。爸爸小的时候，到了夏天，窗子上常有壁虎爬来爬去，壁虎就会自割。

有一次爸爸打一只壁虎，它在前面跑，爸爸拿着扫帚在后面追，突然壁虎分成了两截，一截在地上扭动，一截钻进了墙缝。

在地上扭动的那截，原来是它的尾巴。妙的是，那尾巴虽然离开了身体，还是会动，于是吸引了爸爸的注意，那壁虎却逃掉了。

这就叫做"自割"——在紧要关头，牺牲自己的一部分，来保全性命。

世界上天生会自割的动物并不多，但有许多动物知道在紧要关头用它们的智慧作出"自割"。

有些野兽，在被猎人的捕兽夹夹到腿之后，会一口口咬断自己的腿，强忍着痛，用那剩下的三条腿，一拐一瘸地逃跑。

所以当猎人发现兽夹上只夹到一条血淋淋的断腿时，就知道他遇上了一只够聪明也够狠的动物。

但是，孩子！你知道吗？世界上最懂得"自割"的是什么动物？

不是狮子、老虎、豹子或山猪，而是人哪！

爸爸曾经在报上看过一则新闻：

一个伐木工人，在砍树时发生意外，被倒下的树干压到了一条腿。

当时只有他一个人。

那条腿被压得很紧，树干又很重，他怎么都没办法把腿拔出来。

天渐渐暗了，树林里传来野兽的吼声，寒冷的山风使他冻得发抖，他心想，这样下去，就算不被猛兽咬死，也得被冻死。

你猜，他怎么做？

这位伐木工人，居然先撕裂衣服，绑在那条被压住的腿的上端，再拔出腰间的小刀，咬紧牙关，一刀刀切断那条腿。

然后他拖着断腿，爬上车子，开车冲下山，冲到了医院。

医院立刻派起重机赶上山，抬起树干，拿出他的断腿，再送回医院，彻夜手术，把断腿接了回去。

那位伐木工人不是用“自割”救了自己一命吗？

人类自割的例子还有很多：

当一个人因为糖尿病，腿部出现了疽，为了保命，他可能得把腿切除；当一个人得了大肠癌，他可能得把大肠切除，并且把剩下的那段肠子接在肚皮上，做成“人工肛门”；当一个人得了乳癌，她可能得将整个乳房切掉，换上假的乳房。

同样的道理，如果有一天你坐车，车子出了问题而冒出浓烟，或在家里，发生了火警，你应该急着穿衣服，找你的宠物和宝贝，还是先跳出车子，跑出房子？

你当然应该牺牲你的宠物和宝贝，它们虽然珍贵，但更珍贵的是你的生命。

所以，你也要知道在紧要关头学会放弃，那“放弃”就是一种“自割”。

你甚至要学会，如果有一天碰到坏人绑架，当他们凌辱你、侵犯你而你知道反抗没有用的时候，要忍耐。不要用言语、眼神激怒那些坏人，以使你能保住一条活命。

因为只有你活着，才能把坏人指认出来；只有坏人被指认，才不会再有人受害。

孩子！“自割”是痛苦的，不到紧要关头，谁也不要自割。但是，“自割”也是智慧的，只有懂得衡量轻重而且有大勇气的人，才会懂得自割。

“自割”不是走向死亡，而是走向“重生”啊！

寻找苦难的天堂

“要想了解地狱，何必等死了之后，我今生就看到了地狱。”一位因为某非洲国家内乱而撤馆回国的外交官对我说。“满地的尸体，腐烂、发臭，没有人收；上游泡着尸首，下游就有一群难民舀水喝，喝了、病了，又死在河里。不敢喝水的人就喝稀泥，喝了也是死。”她深深叹口气，“你没亲眼见到，一定不能相信，那真的是人间地狱。”她又摇摇头，泛着泪光，“可是就有人不愿上天堂，宁愿留在地狱。”

“谁？”我问。

“我的非洲女仆。我说可以带她到美国，她起先很兴奋，但是接着问能不能带孩子。她有 5 个孩子。我说按规定不能带，带她已经不错了。她居然想都不想，就说她不要走。我说：‘你自己知道，我们撤馆之后，你活不了多久，为什么不走呢？’她不听，说孩子不走她就不走。”她说到这里又叹了口气，“我真不懂！我真不懂！”

“有什么不懂呢？”我淡淡地说，“如果今天有一架飞碟停在你的院子里，下来一个外星人，对你说：‘来！跟我走，你就可以活 1000 年，天天过好日子，无忧无虑，只是你不能带你的家人。’请问，你去不去？”

“不去。”她很肯定。

“那几乎可以算是天堂哟！”我逗她，“有四季不凋之花，终年芳香之果，还有千年的寿命。”

“我还是不去。丢下丈夫、孩子，永生又有什么意思？”

“这就对了。你不是也一样没有选择天堂，而留在这个叫你烦心的人间吗？你不是才跟丈夫吵过架，又才骂过儿子，说要把他赶出去吗？你为什么还选择留下来？”

十多年来，我总是四海漂泊，每次离开家，看女儿哭成个泪人，我也哭，常一路擦着眼泪去机场。

我常想，像我这样总是别离的人，为了减少对自己的伤害，最好把情放淡一些，因为如果不爱，就不会伤心。

但是我也想，不爱、不伤心了，人生还有什么意思？

如果我们不再爱父母，当然可以不再为他们的年老而感叹；如果我们不再爱伴侣，当然不会为他们的背叛而发狂；如果我们不再爱生命，当然不会留恋今生；如果我们把今生过得生不如死，当然不会畏惧死亡。

上天创造我们，只为要我们日夜颂赞它吗？我们把它看得无所不能，要整个宇宙颂赞它都可以。它会那么爱被奉承吗？如果你是父母亲，你生孩子，只是为了要他天天颂赞你吗？

我认为上天创造我们，是要我们再去创造，并且享受它所创造的世界。我们感谢它、颂赞它最好的方法，就是“载欣载喜地投入这个世界，快快乐乐过一生”。

当然，有快乐就有忧愁，如同有相聚就有别离，有承诺就有负担。但正是这忧愁、别离和负担，给我们带来了快乐、相聚与圆满。

我也常想，幸亏人会死。

如果没有死，明天后面还有明天，就什么事都不着急了；如果没有死，旧的不去，新生就没什么值得喜悦了；如果没有别离，相聚时光就不再可贵了。

我甚至感谢自己的漂泊与别离，觉得它们丰富了我的人生，也维系了我的情感，因为有别离的伤痛，才会有重逢的欣喜。

我很欣赏《少年维特之烦恼》一书里，夏绿蒂说的：“家庭生活虽然绝不是天国，但总是一种难以形容的快乐源泉。”

我也欣赏张爱玲说的：“苍凉之所以有更深长的回味，就因为它像葱绿配桃红，是一种参差的对照。”

从小到大，我确实经历了许多华丽与哀愁。

最近有一天，我提到自己 9 岁丧父，我那 89 岁的老母突然纠正我。

“其实细算算，你是 8 岁死了爸爸。”

我说：“为什么过去几年，我说 9 岁丧父，你都不纠正，却一直等到今天才说呢？”

她说：“以前你已经够可怜了，我干吗还告诉你早一年，让你更伤心？至于现在，你如意了，说说也无妨。”

我的女儿马上就 8 岁了，我常看着她想：“天哪！ 8 岁，多小！我居然能记得那么多父亲的画面。”又有些惊心地想，“可得好好保重，别让我的孩子那么悲凉。”

许多老同学，或意外，或生病，已经离开了人世。最近一个远房亲戚的女儿，正值青春年华，却突然得了红斑狼疮症，住进医院一个多月，还未能清醒。

每次听到这样的不幸，我都很心悸，怕自己也有同样的遭遇。但是人生在世，谁能预测未来呢？

我常自忖，我这么注意身体，如果也像父亲，天不假年，我是要气愤地说“这样小心，还得了绝症，老天真没长眼睛”，还是该心平气和地想，“我这么小心，还得了绝症，也就没话说了”？

如果我无论做什么事，都能不负我心，就算有了坏的遭遇，又有什么可在乎。如同我注意身体还得病的话，也便没有遗憾。这就是我的人生观——

“不负我心，不负我生。”

面对贫穷，我能做什么

我的祖辈是农民，而且是佃农。父亲一辈完成了农村包围城市的历史使命，因此我从小便生活在这座中国最大的城市里。也许是父辈们自小生活得太苦，他们给予我很好的生活，从小吃鸡蛋喝牛奶长大的我，几乎对祖辈们的生活没有任何感性的认识。和很多人一样，只是因为从小学业优秀，便觉得自己是天之骄子。同样也觉得自己有很大能力，可以指点江山，救济苍生，这是我大学毕业之前的想法。

读研究生时，开始关心一点儿时事，但基本是围绕如何实现自身价值这个中心的。我关心财经，关心国家的研究生就业政策，关心别人的成功之路。对那时的我来说，如何会想到农民？看到农民时，除了有点鄙视他们素质低以外，没有其他的感情。毕业后，工作十分顺利，但随着年龄的增长，心里却有一种苦闷与日俱增。

苦闷的种子是在学生时代种下的。我有一个姨妈和一个伯伯还在老家，伯伯依然是农民。在读研究生时的一个暑假里，姨妈生病，我去看她。那是一个内地小城，不富裕，但也不是很穷的地方。去了之后，我的第一印象是觉得那儿和上海是两个世界，我和姨妈拉家常，事实上很有隔阂。我对于他们哪儿都舍不得花钱这一点很惊讶，我说她应该多买些补品，可她说没必要。

我不理解。姨妈说:“我还算好的。还有劳保,看病不用花钱。我们单位里有个临时工,得了癌症,没劳保,就在家等死,我们劝她去看病,她死都不肯。她说反正是要死的,不如省下医药费留给儿子。儿子以后没娘就可怜了,可无论如何也要去读书,不能像她没文化,苦一辈子。”

我听了很震惊。在这之前,我从没考虑过这个阶层的人是怎么生活的,也从没考虑过这样的人在中国有多少,更从没考虑过比他们更苦的人怎么办。表妹也和我说到她们班有个小男孩,家里很苦,为偷吃肉被父亲打了一顿,后来得了绝症快死了,家里煮了一锅肉给他吃,他不吃,说省给父母吃。

从姨妈家回来,我好像知道了一点儿生活的另一面。我对父亲说我听到的那些事,父亲淡淡地说这么苦的人在上海也有,只是你从不接触,没有注意而已。后来我就开始注意这些人。

从此我的生活就不踏实了。有一次我跟别人讨论最低生活费究竟如何打发一个月的基本开支,有人开始嘲笑我:“你以为上海人都去超市买净菜呀。”

然后我去好几个菜场逛了一圈,发现即便是在菜场买菜,那点儿钱也不够。终于有人开导我说:“下岗工人不会去买菜的,人家趁收摊时去捡点菜边儿。”

我再次去考察,发现真是这么回事。我开始于心不安了。以前上下班经常打的,后来我决定能挤公共汽车就挤。

有一次,在公共汽车上,两个女工在说话。一个说:“我们厂算好的,每个月还发6块钱的车贴。”另一个说:“是啊,现在还能发车贴真不容易,我们厂早停发了。”我听了真的很难过。平时我坐空调车,已经觉得自己很艰苦奋斗了,可是现在有的人心中6元钱的车贴竟是如此重要。

我玩得来的哥们都很优秀,薪水几乎都在八千以上,三四个哥们儿聚会,一次花掉上千元是轻松平常的事。一次聚会,点的菜多了,一盘蛋黄炒蟹没人吃,我坚持要打包,哥们儿不能理解,但还是打了。第二天我跟他们说把那盘菜拿出来吃呀,有个家伙说昨晚忘记放在冰箱里了,已经坏了,就扔了。我竟然很激动,跟他们说起去菜场捡菜边的人和在乎6块钱车贴的女工,他们不说话。这就是在中国最发达的城市里很大一部分人的真实生活,那么这个国家中大部分人是怎样生活的呢?他们的思想是怎么样的？作为这个国家中有知识的一部分人，难道没有义务去了解他们吗？

我相信我周围的都是些心地很好的人，可为什么他们很少想到底层人的疾苦？不是缺乏良知，而是缺乏感性认识，缺乏提醒，包括我自己也是如此。拥有和我一样成长经历的人应当说不少，而我们从一进小学开始，就和这个社会的真实面目隔绝开来。难道没有必要补上这一课吗？如果我只呆在漂亮的写字楼里，每天上下班打的，业余去蹦迪，去茂名南路的CLUB找点儿刺激，去和平饭店搞搞聚会，在巴黎春天购物，那么我不会感到有什么苦闷的。我只会踌躇满志，自我感觉良好，以为我是这个国家的那一部分精英。可是，我看到了，而且我相信更多的是我没有看到的，所以我没法心安理得地自我陶醉。事实往往让人哭笑不得：当我们有良知的时候，却没有能力做些什么。等我们有能力开始为别人服务的时候，良知却已经开始消磨。如果我们对底层的疾苦有过切身的体验，是不是会在做事时多为别人考虑一点？是不是可以延缓良知被消磨光的进程？这是在主观方面的收获。在客观行事上，也可以从实际出发，多做一些有益的实事。

上帝偏爱她，让她洗厕所

现今，日本国民中广为流传着一个动人的小故事：许多年前，一个妙龄少女来到东京帝国酒店当服务员。这是她涉世之初的第一份工作，也就是说她将在这里正式走向社会，迈出她人生第一步。因此她很激动，暗暗下定决心，一定要好好干！她想不到的是，上司竟然安排她洗厕所。

洗厕所，实话说没人爱干，何况她从未干过粗重的活儿，细皮嫩肉，喜爱洁净，能干得了吗？洗厕所在视觉上、嗅觉上以及体力上都会使她难以承受，心理暗示的作用更是使她忍受不了。当她用自己白皙细嫩的手拿着抹布伸向马桶时，胃里立马翻江倒海，恶心得想呕吐却又呕吐不出来，太难受了！

而上司对她的工作质量要求特高——必须把马桶抹洗得光洁如新！

她当然明白“光洁如新”的含义是什么，她当然知道自己不适应洗厕所这一工作，更难以实现“光洁如新”这一高标准的质量要求。因此，她陷入困惑、苦恼之中，也哭过鼻子。这时，她面临着人生第一步怎样走下去的抉择：是继续干下去，还是另谋职业？继续干下去——太难了！另谋职业——知难而退？人生之路岂有退堂鼓可打？她不甘心就这样败下阵来，因为她想起了自己初来时曾下过的决心：人生第一步一定要走好，马虎不得！

正在此关键时刻，同单位一位前辈及时地出现在她面前，他帮她摆脱了困惑、苦恼，帮她迈好了这人生第一步，更重要的是帮她认清了人生路应该如何走。

但他并没有用空洞的理论去说教，只是亲自给她示范了一遍如何洗厕所。

首先，他一遍遍地擦洗着马桶，直到擦洗得光洁如新。然后，他从马桶里盛了一杯水，一饮而尽喝了下去！竟然毫不勉强！实际行动胜过千言万语，他不用一言一语就告诉了她一个极为朴素、极为简单的道理。

光洁如新，要点在于"新"，新则不脏，因为不会有人认为新马桶脏，也因此新马桶中的水是不脏的，是可以喝的。反过来讲，只有马桶中的水达到可以喝的洁净程度，才算是把马桶擦洗得"光洁如新"了，而这一点已被证明可以办得到。

同时，他送给她一个含蓄的、富有深意的微笑，送给她一束关怀的、鼓励的目光。这已经够用了，因为她早已激动得几乎不能自持，从身体到灵魂都在震颤。她目瞪口呆，热泪盈眶，恍然大悟，如梦初醒！她痛下决心："就算一生洗厕所，也要做一名洗得最出色的人！"

从此，她成为一个全新的、振奋的人；从此，她的工作质量也达到了那位前辈的高水平，当然她也多次喝过马桶里的水，为了检验自己的工作质量，也为了强化自己的敬业心；从此，她很漂亮地迈好了人生第一步；从此，她踏上了成功之路，开始了她不断走向辉煌的人生历程。几十年光阴一瞬而过，如今她已是日本政府的主要官员——邮政大臣。她的名字叫野田圣子。

野田圣子坚定不移的人生信念，表现为她强烈的敬业心："就算一生洗厕所，也要做一名洗得最出色的人。"这一点就是她成功的奥秘；这一点使她几十年来一直奋进在成功的路上；这一点使她拥有了成功的人生，使她成为幸运的成功者、成功的幸运者。

孟子说过："天将降大任于斯人也，必先苦其心志，劳其筋骨……"这话看来真对！古往今来的无数事例都证实了这一点。由此，可以说——上帝偏爱她，让她洗厕所。

每一根刺都有一个故事

某次，参加一个座谈会，到了之后才知道，主办单位邀请的理由是想找一个最命苦的人，而我是他们理想的人选。

这样的理由令我为之失笑，当场提出抗议："拜托！我一点儿都不觉得命苦，反倒觉得我是天底下命最好的人！"

虽然没有口衔金汤匙出生，倒也不曾缺衣少食。父母爱我若手中瑰宝，特别是父亲。记得我已经长得很大了，他还经常对我说："你是爸爸心上的一块肉。"大概如此说法仍不足以表示他的爱，还要再强调一句："是心尖尖上的那一块！"

父亲说，心尖上的肉最嫩、最好，可见其言下之意是如何宝贝我这位娇娇女了。

从小伶牙俐齿，反应灵敏，漂亮加上活泼，永远是受人瞩目的焦点，而我好像天生就有说服人的本领，经常是一呼百应，不论家里学校，一向是称王称霸。

这样的小孩，想不骄傲也难，弟弟妹妹到现在还常开玩笑说："幸亏姐姐生病，要不然祸害几千年。"

他们都自认为"从小是在姐姐的淫威之下长大的"。

这样的说法虽然夸张，却也不难透露出我往日的骄纵任性。如果就此顺顺利利长大，一路发展下去将会是个怎样的我呢？

母亲曾在一篇序文里描述我生病之后的改变："我家老二的'特长'变了，变成能忍、会让，她不但能忍受身体的疼痛，也能原谅别人对她的欺骗、侮辱、亏欠和恶言伤害。"

看来，还真是如弟妹们所说，"幸亏"我生病了。的确，疾病是我一生最大的再造工程。当一个人失去健康，时时面对死亡之威胁，你就会发现得失荣辱、是非恩怨实在没有什么值得计较的，当命运将你逼到绝境，自然就会滋生"置之死地而后生"的勇气和信心，因为能够活着，就是一种幸福，这是我最大的领悟。有时我不免在想，倘若不是这场病，我会不会变成个女恶魔？我想起一位牧师吕代豪。

吕代豪在当牧师之前，他是流氓、棍帮派的老大、进出监狱的常客。

为了反抗管教严厉的父亲，他逃家辍学，又结交了一大帮狐朋狗友。人学好不易，学坏却如急流行舟，一泻千里。

一开始，他只是个到处白吃白喝的小混混。慢慢地，他开始学会向店家、摊贩收取保护费。再往后，胆子越来越大，敲诈勒索、抢劫杀人样样都来。每进一次监狱，刑期就增加一倍。

在他出生的五股乡，那些看他从小长大的乡亲，把他当成凶神恶煞一般，唯恐避之不及，就连小孩哭闹，父母也会威吓说："小心，吕代豪来了！"

有一次，大概又是政策性的扫黑，他们这些在案流氓按照惯例被移送管训，无意中看到警方公文，移送的理由只有四个大字"鱼肉乡民"。

这四个字像根刺一样扎在他的心上，每每在夜深人静时，狠狠地刺他一下。

后来，他再度因杀人重罪被关进监狱。在监狱里，在一位女孩(后来做了他的太太)锲而不舍的写信引领下，他受洗成为一个基督徒，为自己以往所犯的过错在上帝面前深深忏悔。

当时被判死刑的他向上帝祷告祈求，倘若蒙主饶恕，使他幸免一死，他愿把一生奉献给神。

上帝回应了他的祷告，死刑改判成无期徒刑。由于在狱中表现良好，因而提早假释，他也履行对上帝的承诺，读完神学院后，成为一名传道人。

他决定回故乡传道，并不是为了"在哪里跌倒，就在哪里爬起来"，而是因为他自觉亏欠乡亲太多，如今是他还债的时候了。

他的乡亲可不这么想，没有人相信他会改变。于是，有如时光倒错，现在轮到乡亲们讥笑他、辱骂他，朝他吐口水、扔石头，甚至有次上门传道时，被那家的老太太用棍子打出门，仿佛要把他们从前所受到的凌辱再还给他。

他秉持着"打不还手，骂不还口"的态度，他要用行动证明，浪子有回头的时候，杀人犯也可以洗心革面，重新做人。

他做到了。如今，在五股乡，他是位受人尊敬的牧师，谁家小孩不学好，反倒有人会劝说："找吕牧师辅导一下吧！"

有时候是几个字，有时候也可能是一句话，就改变了一个人的一生。

许多年前，作家於梨华女士在一篇文章中提到，她之所以走上写作之路，全拜一位老师所赐。

於梨华年轻时就喜欢文艺，一心想进台大外文系，可惜联考分数不够,被分到历史系。第二年,她想转系,拿着成绩单去见外文系一位负责此事的教授,教授发现她的英文分数并不理想,露出鄙夷不屑的表情,冷冷地说:

“你这种英文成绩,也想来念我们外文系？”

说罢,把成绩单朝她脸上一扔。那一刻,混合着委屈、难堪、羞辱和愤怒的於梨华暗暗发誓,有朝一日,她不但要学好英文,而且要用英文写作,她要让那位老师后悔自己的有眼无珠,以雪今日之耻。

果然,她在美国不仅拿到了英美比较文学的学位,而且在大学里教美国学生写作。早期,她以留学生生活为题材的作品曾吸引了许多六七十年代的年轻人,成为岛内知名的作家。

不过,提起当年那位老师,她心中的怨恨已变成感谢,她说,要不是他的侮辱刺激了她的好胜心和上进心,恐怕自己也不会有今日的成就吧!

不知我算不算是位很好的倾听者,朋友总喜欢找我谈他们内心的事。钱某是位成功的企业家,手下拥有好几家公司。他的外表文质彬彬,有一种读书人儒雅谦和的气质,一点儿也不像印象中商贾刻板的模样。

钱某出身贫寒,童年的他时时处在饥饿的边缘,他了解金钱的重要,下定决心将来要赚很多钱。高中一毕业就投入职场,他的聪明、机智、勤奋以及不错的机运,使他 30 岁不到就已经拥有上亿家产。财富、地位,加上美丽的妻子、一对聪明伶俐的儿女,所谓的“五子登科”,他样样具备,真个是意气风发,不可一世。

钱某说,那时候的他,眼睛是长在头顶上的,对人经常不假辞色,颐指气使,气焰之盛,可想而知。

然而,就在 30 岁这年,他心爱的儿子病了。他请了最好的医生,却始终查不出病因。看着儿子一天天消瘦萎靡,他却无力挽救,心中仿佛有千万把刀在绞割,第一次感到人的有限和无助。没错,金钱可以买到最好的医疗服务,却买不到生命。

倒是儿子生病这段时间,许多亲朋故旧纷纷前来探视,表达关心与慰问之意,其中包括一些久已不再往来,或平日不屑与之交往的朋友。有一位教友甚至发动他教会的弟兄姊妹为孩子祷告，让他感受到从未有过的温情。

儿子走了之后,他的价值观有了一百八十度的转变,赚钱不再是他人生的唯一目标:他关心环保,热心公益,也经常悄悄支持许多弱势群体。朋友只要提到他,都会竖起大拇指。

时间已过去十多年,提起爱儿,他仍不免潸然落泪。他告诉我,那是他心中的最痛。

我轻轻说:“你知道吗?那也是你身上的一根刺!”

他一时不明白我的话,于是,我对他说了一个《圣经》上的故事。在耶稣所有的门徒中,保罗是非常特殊的一位,他不但有学问,有才干,也有统御众人的能力,是当时众教会的领袖。

可是保罗身上有一根刺,在给哥林多教会的信上保罗并没有明说这根刺代表什么,许多解经家猜测,这根刺可能是指保罗的眼疾,也可能是指保罗的牢狱之灾。但不论是什么,以保罗生命之刚强,信心之坚定,他以“刺”来形容它,可见其带给他的痛苦有多么深切,以至于保罗曾三次求告主,叫这刺离开他。

不过上帝并未应允他,只告诉他“我的恩典是够你用的”。上帝之所以允许这根刺留在保罗身上,目的是恐怕他过于自高自大。以保罗当时的地位、声望以及受信徒拥戴的程度,他是有资格虚荣骄傲的。上帝以一根“刺”来提醒他,他既是神的仆人,就当柔和谦卑,成为众人的榜样和见证。

所以,保罗感谢他的“刺”,并且“以软弱、凌辱、急难、逼迫、困苦为可喜乐的”。因为保罗知道,他什么时候软弱,什么时候就可以靠主刚强了。

很多时候,我们身上也有这样的一根“刺”,或许是身体上的疾病伤痛,或许是家庭的变故不幸,或许是感情上的挫折,或许是事业上的打击……“刺”很痛,刻骨锥心,可是只要我们接纳它,并且像保罗一样学会感谢,那么打开我们的心,仔细聆听内心深处最幽微的声音,一定会听到“刺”在告诉我们一些什么。

每根“刺”都有一个故事……

上帝的十字架

一个女大学生曾回忆过这样一段往事:

那一年高考，我以 5 分之差与大学擦肩而过。

就这样心平气和地接受命运的裁定，我心有不甘。于是某天晚上我向父亲请求让我再读一年。父亲吧嗒着旱烟管，红红的烟头在黑暗中一闪一暗。父亲沉默，良久才艰难地挤出了一句："娃，不是爸不愿意……"我也明白，不是爸爸不愿意，是那一贫如洗的家实在负担不起了。

我听见苦难正沉重地"嘭嘭"敲着我的房门，我的心在一直往下沉，是这样紧闭着房门如父辈一样让苦难折磨一辈子，还是打开门勇敢地与苦难决斗？我选择了后者。与其让自己束手待擒成为苦难的俘虏，不如奋起抗争，与苦难拼死一搏，让苦难臣服在自己脚下！

任泪水默默地肆意长流了一个晚上，第二天，我就默默地跟着父亲下地了。为了心中那个梦，我开始脚踏实地做农民，与苦难开始了艰难的较量。

一切都得靠自己。

我开始艰难地攒钱。有空时，白天上山砍竹子、挖草药，晚上就着昏黄的灯光加工鞭炮半成品，用这种最原始的方式换来为数不多的钞票。

那年冬天，村里造林，120 元一亩。我跑去找村长，承包了 4 亩林地——刚好是一个小山头。接下来便是砍青、烧荒、挖坑、栽苗。晨出暮归，我把自己完全交给了那个小山头，每天清早起来煮好饭吃了，然后带着午饭上山，在山上一呆就是一天，中间只有吃饭时才能找个树墩坐下来歇息一阵。满手的血泡，破了，结痂了；又起泡，又破了，又结痂了。汗水流进破了的血泡内，里面那鲜红的嫩肉便火烧火燎钻心地痛。看着自己伤痕累累的双手，我流泪了。泪水涩涩的，咸咸的，滴入脚下挖好的土坑内。这样累死累活近乎玩命地干了一个月——整整一个月，我侍弄好了我承包的那个小山头。当我用结满老茧的双手从村长手中接过那一个月的报酬——480 元钱时，我又哭了，这可是自己出校门后用血汗挣到的第一笔"巨款"啊。颤颤地捧在手上，我听到泪水和血汗在钱里汩汩流动的声音，我把它放进我存钱的小箱子里，那里，自己放了一把零散的票子。我挣的钱，爸一个也不肯要。爸说，你自己挣的钱自己留着。说这话时，爸眼里满是愧疚，爸知道我心里想些什么，只是因为那个家，年老的爸实在无能为力。为此，爸觉得对不住我。

第二年春天，经人介绍，我到乡中学代课，教初一年级 3 个班的英语。

每天连续上 3 节课，开始是有点累，但比起造林来这简直算不了什么。只是我一个高中毕业生，从没上过讲台，刚开始时竟有些手足无措，只得慢慢地跟其他老师学经验，跑资料室查资料充实自己。良心告诉我，不能误人子弟。凭着一股倔劲，一段时间后，我竟也能应付自如了。很多老师对我说，你如果考个师范大学，一定会成为一个很好的老师。他们都劝我再考一年，我不置可否地笑笑。代课工资不多，一个月加补助在内才 150 元左右，但有空闲时间。每天上完课，备好第二天的课后，我便拿起以前的课本翻翻。因为那个梦总灼得我的心生痛！

两年的时间就这样被我咬牙挺了过来，艰难地一分一分地攒着钱。钱慢慢多起来，我的心也有了些许的轻松，因为离实现我梦想的日子已越来越近。1995 年的秋天，怀揣着那笔血汗钱，我走进了县补习学校，长夜孤灯，伴我走过一年的补习生涯。终于，在 1996 年秋季——一个金色的季节，我走进了大学，来到了现在这所学校。高中毕业两年之后，我终于圆了那个残缺而美丽的梦。

一段不长的路，因为苦难相伴而行，我却走得很艰辛。以后的路还很长，一样会有凄风苦雨，会有荆棘遍地，但我会一如既往顽强地走下去。我相信：走过去，前面就是一片新的天地。

长长的人生路上，苦难随时会造访你，与你同行。你不奋起打倒苦难，它就会将你打得头破血流，甚至把你打垮，让你再也爬不起来。

“上帝将十字架背在你身上，是因为你背得动。”回首走过的路，我终于领悟到了其中的真义。

从矿工到博士后

这是一则真实的故事：

因为出生在煤矿世家，我也很早就成了煤矿工人，下井时我还不到 16 岁，1.44 米的个子，在井下一干就是 3 年。矿工的苦累和危险大家有目共睹，我曾亲眼看见一个同事被岩石砸扁，也曾在塌方前的最后一刻死里逃生，当时腿被支撑的柱子压住，怎么也拔不出来，而更大面积的塌方又在眼前，领导甚至已决定锯腿保人……一次次惊心动魄的痛苦使很多人离开了矿山，包括和我同时进来的很多同学，他们通过各种关系，或者调动，或者想办法弄个劳保。

我一直留在井下，而且干得很卖力，那时被人称为“矿山小老虎”。说不上对工作有多么热爱，在没有别的选择的情况下，努力工作是我唯一能做的，我不甘心混日子。下矿井时我初中还没有毕业，爸爸是一个爱学习的人，他说知识在任何时候都有用，让我自学。那时我每天都要下井，还要经常加班夺高产或者参加政治学习，常常 12 个小时不得闲，一天下来人困马乏。即使这样我也坚持每天读书自学，夏天蚊子多，我就穿起长袖衣服，戴上帽子围巾，再把脚放到水盆里。在这样的“重重封锁”下，蚊子倒是不咬了，人却被热得头晕脑胀了……

因为肯吃苦，工作努力，干了 3 年采煤工后，我被送去学了半年的采煤技术，后来又到中专学地质，再后来就考上了大学。4 年大学我一共修了 3 个专业，当时校长、班主任知道我选那么多课都很不满，觉得我会耽误专业的精进，不少同学也觉得我在出风头，而我自己的想法很简单，就是希望拓宽自己的专业面，打好基础。而且，那时的我对于学习有一种如饥似渴的热爱，总是觉得时间不够用，宿舍晚上 10 点半熄灯，我就买上一打蜡烛，每天都要点到夜里两三点，早晨 5 点半就又起来，一直到中午休息 10 分钟。3 个专业，80 多门课，我必须抢出比别人多三分之二的时间，否则根本拿不下来，大学结束时我做了 3 个毕业设计，参加了 3 个专业的论文答辩。这一时期的苦学，为我今后在地球科学方面的研究打下了很好的基础。

大学毕业后父亲希望我回矿山继续从事技术工作，这样我又开始了边工作边学习的生活，而读博士的理想却仍萦绕心头，挥之不去，后来我终于如愿以偿，不仅拿到了博士学位，而且还做过北大、清华两所学校的博士后。父亲在我拿到博士学位后跟我说：“这只是科学道路的开始，不能只看学位，要名副其实。”——应该说这也是我对自己未来的要求。1997 年我与一位德国科学家在藏北海拔 5700 米的高原上发现了一片黑色的岩石，当时德国科学家认为可能是油页岩，后来我经过多方考察，确认其为煤矿。这片煤矿一半在湖里，一半在山上，而且共有 5 层，其中一层有 5 米多厚，对于自古缺煤而一直以牛粪为燃料的西藏来说，这真是一个非常大的喜讯。

这种找矿的快乐是常人难以理解的，我们还曾在藏西北海拔 4600 米处发现过一片玉矿，开始都以为是石膏，经确认是玉矿后，我激动得想让全世界都来分享我们的幸福。

如果我现在还在煤矿挖煤，即使再能干，充其量一天也只能出 30 立方煤，而从参与找矿到现在，我已经为国家发现了 3000 多万吨煤，我感谢矿山赋予我的吃苦精神和勇敢，同时更感谢知识赋予我的报效祖国和成就事业的快乐。

四分钱的午餐

交完各种费用，我的兜里只剩下了 83 块钱，这便是我大学第一个月的生活费。为了凑足学费，父母已将全村几乎借了个遍。临来时父亲告诉我，要等下个月他开了工资才能寄钱来。其实，父亲只是个小学老师，一个月也就拿 400 来块工资，弟弟和妹妹都在上学，一大家子人都在指望那点儿钱呢。无论如何，我是没法开口向家里要钱的。

看来只能精打细算地节俭着花了。好在来的时候，我带来两大罐子咸菜，只需买 4 两米饭或 2 个馒头，再喝点儿白开水就行了。

可我不愿在人多的时候走进食堂，不愿看到同学们比赛似的打来各种香喷喷的炒菜，围在一起津津有味地边吃边聊。我常常故意拖延着，等同学们都用完餐了，才拿上饭盒去食堂，买上 2 个馒头或 4 两米饭，躲到一个角落里狼吞虎咽般迅速地消灭掉，我不想让我的同学看到我的那副穷酸样。

有时，为了掩饰自己的手头拮据，我还故意轻描淡写地在宿舍里跟大家说一声“今天的烧茄子真不好吃”或者“嗨，又晚了，熘肉片没吃着”。其实进大学 2 周多了，我只买过 3 次炒菜，都是最便宜的只有 8 毛钱的炒土豆丝。

那天，我照例很晚才去食堂，买了 2 个馒头走到墙角那个座位上。刚坐下来，辅导员刘老师一手用筷子插着 2 个馒头，一手拿着咸菜罐子微笑着朝我这里走来。

“来，咱们互相交流一下。”刘老师说着，把自己的咸菜罐子推到我的面前，又夹起我带来的咸萝卜。

我惊讶地问：“刘老师，您也吃这个？”

"怎么？你以为我该吃什么？"刘老师友善地望着我。

"我是说，只有我这样的贫困生，才不会买炒菜……"我窘迫地垂下头来，心里有种酸溜溜的感觉。

"问题不在于我们吃什么，而在于我们吃的时候，该拥有什么样的心境。"刘老师说着，就着咸菜咬了一口馒头，一副味道好极了的模样。

接下来，刘老师给我讲了她花4分钱吃午餐的经历——"那会儿，家里实在是困难极了，要不是我死磨硬缠着，家里说什么也不会让我去读高中的，我的学费还是东挪西借好不容易才凑来的。记得临行前父亲跟我说，咱不能跟人家比吃的，唯一能比的就是学习成绩。我告诉父亲，我明白，贫穷不是错。于是，我的伙食标准降到了令人难以置信的地步：头一学期，我几乎连5分钱的菜汤都舍不得买，经常是买2两大糙子干饭，就着从家里带来的咸菜，对付一下算了。可我从来没自卑过，我总笑呵呵地跟同学说，要想学习好，吃饭就得简单化。当然也有离开饭时间还早而我已饥肠响如鼓的时候，这时，我就跑出教室找个水龙头，灌上一肚子凉水应付一下，那会儿，我最盼望的是学校做大糙子干饭，因为它特便宜，4分钱就可以买2两。那位卖饭的师傅看到我的瘦高个子，总要说一句多吃点儿，顺手多给我打一些，至今还记得那会儿的大糙子饭真是香啊……"

刘老师感慨地讲着往事，语气中没有丝毫羞涩，反倒有一种特别的自豪。原来我只知道那年她是以全校第一名的成绩考入大学的，却不知她曾吃过几十顿的4分钱午餐，并且将此作为一种磨砺、一种精神财富，永久地保存着……

听了刘老师的故事，我的心里热乎乎的。想想入学以来，我为自己的贫困而承受的所有难为情，是多么的没有必要啊。别人能够坦然面对富裕，自己为何不能坦然面对贫困呢？

从此，我不再为自己囊中羞涩而自卑，反而多了一份自如。我能够微笑着拒绝同学们的各种生日聚会、野外郊游等邀请，很响亮地告诉他们，我兜里没钱，也不愿意接受他们救济性的帮助。

从此，我把更多的时间投入到学习当中，把各门功课都学得扎扎实实。当然抽空也做做家教、打打工，但我始终记着——兜里缺点儿钱并没什么大不了的，重要的是，无论如何，我不能低下头来……

被父母骂出来的教授

顾豪爽,1958年生于新洲县双柳镇孙胡村,1978年9月考入武汉师范学院,1993年至1995年在华中理工大学攻读博士学位。现为湖北大学物理与电子技术学院院长,教授,主持湖北省自然科学基金“毫米级微型薄膜复压器的限制”项目,1997年、1999年两次入选省“跨世纪人才”。

那年秋天,顾豪爽接到了高中入学通知书。本来是一件高兴的事,可他却怎么也高兴不起来:“母亲有病长年卧床,家中4个弟弟妹妹要读书,都靠父亲一个人劳动挣工分,我这个长子怎么忍心?”于是,他找到父亲,说自己想辍学帮助家里干农活。谁知父亲听后大骂:“你这个不争气的东西!我和你妈都是睁眼瞎,一个字不识,在外面连钱都不敢用,买东西还要你们去买!好不容易供你读到高中,我们指望你多学点儿东西,你还敢说不读了,快点儿滚到学校去报名!”母亲也劝:“娃,你们兄妹几个就把我当船,我就是累死,也要把你们几个渡到河对岸。”

父母如此坚持,顾豪爽也不再说什么。5里路,每星期都要背米到学校搭伙,学校伙食极差,学生们一餐吃4两饭,外加一勺白水煮南瓜或是一勺腐乳水。缺少油水,同学们一个个饭量变得极大,到后来,4两饭两三口就扒进嘴里。

就是在这种情况下,顾豪爽的成绩每年都在班上名列前茅。因为他知道,自己在学校过得虽苦,但父母为供自己读书在家里过得更苦,如果不刻苦地读,就太对不起父母了。

1974年冬,顾豪爽高中毕业回家务农。1977年的一天,正在船上干活的顾豪爽突然从广播里听到一条消息——全国恢复高考了!

喜从天降!他赶紧到县里报名,又从阁楼上翻出旧课本,只复习了个把月,就参加了“文革”后第一次高考。由于书本丢的时间太长,准备也不充分,顾豪爽考试时作文都没写完,这年他落榜了。

顾豪爽落榜的消息传开,被村里人当做笑柄。有人对他说:“你是癞蛤蟆想吃天鹅肉,你这个人就是刨土的命,怎么样考也考不取的。”顾豪爽气得火冒三丈,他没有反驳那人,转过头就走,边走边想:“我一定要考上大学!”

顾豪爽开始刻苦复习。买不到纸，他就在废报纸上打草稿，买不到复习资料，他就和正在读高三的妹妹共用一本书。每天夜里，他在马灯下学到第二天凌晨3时，就是在长江上跑船时也不例外。

1978年8月，顾豪爽第二次参加高考，被武汉师范学院物理系录取了。体检通知书送到他家时，他正在长江上跑船，老父亲决定到江上追他。他在江上走，父亲就沿着岸追，一直追到黄州附近，父亲才追上他。之后，两人又连夜从黄州返回新洲，夜里12时父子俩才回到家。

看到梦寐以求的入学通知书，顾豪爽却怎么也高兴不起来。他想："我走了，家里怎么办？我在队里跑船，工分拿得比父亲还多，我一走，家里的担子岂不是都要落到父亲肩上？"

就像以前上高中那次一样，父母亲又把顾豪爽"骂"出了门。离家那天，顾豪爽背着一只自己打的小樟木箱，带了几件破衣服，一床烂铺盖就出了门。他心情沉重，想到的并不是浪漫的校园生活，而是一件事：家里一分钱也没有，我这4年怎么过？

哪知进了师范学院，学校不仅不收学费，每月还有13.5元的补助。顾豪爽掰着指头过日子，每天早上买个馒头，不买咸菜也不买稀饭，干啃下去；中午就买盘5分钱的小白菜，晚上再买盘萝卜；做作业用的草稿纸，是他找来的废卷子。

1979年暑假，顾豪爽坐车到武昌县，找到在那里做工的表哥。表哥把他介绍给船厂厂长，说这个表弟原来跑过船，现在武汉上大学，暑假想来找点事做。厂长看了看顾豪爽，说："行，你就留下来帮我修船吧！"

在这个工厂干了一个半月，顾豪爽拿了84元。拿到钱后，他首先就给家里寄去了70元。

1982年，顾豪爽留校任教；1985年，他又考取研究生；1998年，他考入华中理工大学攻读博士学位。

在接受采访时，顾教授落下眼泪。他读研究生期间，准备将母亲接到武汉来住，母亲却因病在家乡去世。

第四章

打造完美生活

简单而执著的人，常常拥有充实的人生，也拥有快乐的生活。一个人若总是追求复杂而奢侈的生活，苦难就没有尽头，不仅食欲无度，烦恼缠身，而且日夜不宁，心无快乐。

有的人因为复杂，往往浪费了宝贵的时间；因为奢侈，常常断送了美好的人生。可是，也有人因为简单，每每能找到生活的快乐；因为执著，时时能感觉到没有虚度每一天。

快乐生活

你以为做一个魅力四射的人一定得是帅哥美女吗？不一定。绣花枕头、呆若木鸡的帅哥美女多的是。不信的话，只消看看舞台上那些漂亮而不会演戏、唱歌的人就明白了。

人生最大的幸福，是要找到自己感兴趣的事来学、来做。这其间蕴藏了丰富的创造力和乐趣。

我认识一位小朋友，对养电子宠物很有兴趣。后来他到国外参加夏令营，既不胆怯，又不怕语言障碍，玩得过瘾，还交到了朋友。没别的，他对新奇事物充满兴趣。

我还认识一位大朋友，尽管已为人妻、为人母，但只要有机缘，便不放过任何自己感兴趣的学习。相信吗?连打大鼓、跳降落伞她也不肯放过。没别的，只因为她敢于冒险、勇于尝新。

因此，我认为人生最大的悲哀，是对什么事都没兴趣。

人生是无尽的宝藏，每个人都应当从中发掘自己的最爱，才不会入宝山而空手归。天性会促使我们去进行自身需要的活动，并推动我们去满足理性的需求。

人生最豪迈、最光荣的，便是营造一份快乐的生活。其他的诸如事业、政治、文化……不过都是生活的从属和点缀。

万不可将自己的青春和活力白白浪费了！一个人最可惜的是无法兴高采烈地过日子。活泼肉体与活泼心灵是成长的原动力，趣味盎然的生活存在于自己的志趣之中。闲情雅致，实际上是在帮助生命与智慧的成熟。

在人生的不同时段，我都会被不同事物所吸引。

小学时喜欢打弹珠，中学时酷爱骑单车四处游逛，大学时喜欢跳舞，刚走上社会时喜欢炫奇服饰，三十来岁时是个咖啡上瘾者，四十来岁时热衷世界旅游，五十岁时珍爱隽永的人和事……

尽管我现在不喝茶、不喝咖啡、不唱歌也不跳舞，甚至从来不曾学会抽烟和饮酒，但人生仍有足够的趣事装点我的精彩生活。

何况，只要你打开心房，睁开慧眼，即使在平凡的事物之中，你也能找到乐趣。

不是吗？自然风光、每日三餐、一场好电影、朋友小聚、日行一善、一本好看的书……

犹太人的格言中，有一句话深得我心："每天要认为今天就是你人生的第一天，每天要认为今天就是你生命的最后一天。"

即使你长命百岁，你的人生也是一天一天、一分一秒度过的，每个人都只活在当下这一瞬。如果你的人生是第一天开始，你一定会充满欣喜；如果你的人生只剩下最后一天，你必定会使它过得饱满。

人生最真切的智慧，便在于快乐地生活。

命好不如习惯好

本钱最小的生意可能就是给人相面算命了。可是看看那街头算命的，自己都一副倒霉相，哪还能给人指点何时发财、何地走运？

分析起来，人人都希望甚至渴望有个好命，而命这个东西偏偏看不见摸不着，因而就产生了市场需求。

人到底有没有"命"？我想一定是有的吧。我们以前太唯物，很霸道地排斥唯心，其实唯心的东西不一定就不好。我有个朋友搞了个心理咨询所，专门给人解决那些看不见摸不着又严重影响着人的生存质量的情绪问题，引导他或她走出无形的苦海。有一次，我与人讨论"命"这个问题，最后大多数人认为，命就是一个人的人生轨迹。问题接着就出来了：这个"轨迹"操纵在谁手里？类似于"针尖上可以站几个天使"，大家各执己见，谁也不服谁。

理论是灰色的，但生命之树绿得分外美丽。生活中很多人很多事本身就在对"命"进行清晰的诠释。

有这样一个做服装生意的人，他长着一张瘦脸，上面还有多条深深的皱纹。有人说这张脸是猴相，拥有这种相貌的人在传统相学上不具备富贵的面相，而且会一生多舛。十几年前他来自农村，在城市举目无亲，最先给人打工，他的老板是个比较和善的人，别的工人利用这点偷懒耍滑，而他不，老老实实地干活，老板在与不在都一样，不为什么，他就这样一个人，习惯了。老板很赏识他了，就重用他了，先是让他管理一下内务，后来有重要的商务谈判都带他去，他跟着老板学了不少东西。后来时机成熟就出来单干，自己做老板。做了老板的他还是那样老老实实，该付款就付款，该发货就发货，商誉甚好，生意就越做越大，买了别墅，娶了个漂亮的城市女人做老婆。当年与他一同出来打工的人有的回去种地了，有的还是打工仔，总之还在底层苦做。我在采访他时，也顺便采访过他的同乡，我问他们，当年同在一个层次的人，怎么有了这么大的差距？他们笑嘻嘻地说他命好哇，遇到贵人相助了。我也采访了与他有生意往来的老板们，他们说这人习惯好，说到的一定做到，做不到的一定不说，不要人不赖账，跟他做生意，牢靠！

“这人习惯好”这句话让我想了半天，是啊，与其说他命好，不如说他习惯好，这好习惯给他带来了万贯财富。

5年前有两个年轻人，王和钱。王毕业于成人高校，大专文凭；钱毕业于南京大学，本科文凭，他们同时被一个公司招聘为雇员。王学的是文科，只在办公室当个一般办事员，月薪280元；钱学的是计算机，在技术开发部任经理助理，月薪600元。5年过去了，王还在公司，已升为营业部主任，年薪4万；钱早已不知去向。这5年里，王一直做得很努力，他知道自己学历不高，只有靠自己从基层做起，因此他脚踏实地，并潜心学习，终于脱颖而出，据说沿海有几个公司的老总正想以8万、10万的年薪挖他走。而钱，从公司出来后，做过电脑生意，搞过汽车贸易，炒过外汇，开过广告公司，均以失败告终，拖一屁股债，被人追得喘不过气。我还记得他那昂扬的声音：要整就整大的！

上个月，王到我家来玩，我问起钱的事，王说钱这个人很聪明，脑子的确好使，就是兴奋点换得太快，做事也没有计划，从小事上都看得出来，比如他答应老板在周一解决某个问题，可是周一到周五他都被别的事情吸引着；还比如大家约好星期天去某个地方，结果他临时睡懒觉，弄得众人一阵好等。后来，大家就觉得这个人不大可靠，并非他心眼坏，而是习惯没养好。

我想王和钱都生活在条件这么好这么开放的年代，又都年轻，要说命，都差不多的，可能王还次一点儿，至少文凭没有钱的硬。然而，短短几年，差距就出来了，档次也拉开了。也许有人会说用“习惯”来解释这一现象显得轻了一点儿，不够贴切，而我要说“习惯”不止包括饮食起居的习惯,更有工作的习惯,为人处世的习惯,还有思考的习惯。我喜欢用"习惯"这个词来解释与人有关的林林总总。

好的习惯能让更多的人愿意结识我们,与我们合作,并相互提供更多的空间;好的习惯让我们拥有好的开端、好的过程,还有一个好的结局。生命至此,就是境界了。

为喜欢而活着

张信哲还在读大二的时候,就已经因歌声而小有名气了。那时的他整天痴痴迷迷地揣摩着演唱技巧,拼命地练唱功,写歌词,研究音乐教材,提高音乐修养。相比之下,他对自己的专业反而付出甚少。有一天,李宗盛找到他,问道:"你缘何对音乐如何此情有独钟?"张信哲对这一问题颇不以为然地脱口而出:"因为我喜欢。"正是这句话,增强了李宗盛对张信哲的信心,加速了他们的合作与张信哲的成名。

原来,喜欢竟然是成功的阶梯和内在动力。

美国一位著名的教育家说过:"你可以把一匹马领到河边,却不能让它喝水。"学习也是如此,老师的作用只不过是把你领到一桌丰盛的宴席前,告诉你这道菜营养丰富以及如何去吃。但吃与不吃,吃多吃少,最终还要看学生的爱好与喜欢程度了。有一次记者问爱因斯坦"你的成功是否因为你的天赋"时,爱因斯坦说:"有天赋的人很多,而成功与否关键是看你对所从事的事业的热爱与勤奋程度。"热爱,喜欢的另一种表达而已。喜欢,也是幸福的源泉。

有这么一个故事:两个老朋友在公园里散步,一个是州长,一个是亿万富翁。州长向老朋友抱怨说他被政务搅得心烦意乱,经常失眠,并慨叹当初要是他当作家的理想不被生活改变该有多好。而亿万富翁则向老朋友诉说金钱使他失去了自由,并对当年一个人坐在海边看潮涨潮落、晚霞翻飞的惬意念念不忘。这时他们看到大哲学家罗尔带着孙女在草地上放风筝,竟异口同声地说道:"他们真幸福!"于是,州长和亿万富翁走上前去求教罗尔:"幸福是如何获得的?"罗尔看了看他们说:"做你喜欢做的事!"说完,又放起了他的风筝。

你可能贫穷也可能富有,你可能平凡也可能伟大,你可能失败也可能成功，而所有这些都不是幸福的真正源泉。换句话说，不管你是腰缠万贯还是勉强糊口，不管你是达官显贵还是一介草民，只要你找准了自己的位置，只要你所做的是你所喜欢的，你就会全身心地投入，你就会体悟到其中的乐趣，从而不仅会使你走向成功，还会使你获得幸福。人生苦短，来去匆匆，我们要想在短暂的生命之旅中有意义地活着，就必须淡泊名利，忘却世俗，脚踏实地地去做你喜欢做的事，为喜欢而活着。

为自己的人生负责

好像是朱光潜先生说过：以出世的态度做人，以入世的态度做事。我很信服这话，以为朱先生是用极简单的语言，说出了复杂的人生道理。人生一世，如草生一秋，是匆匆而麻烦的短暂。所有的人，上自帝王显贵，下至黎民苍生，都是这个舞台的演员和看客。常言浮生若梦，过去把这话是当做消极的思想来批判的，其实，谁都明白，人生到底是一出悲剧。无论是天才还是愚者，到头来都摆脱不了一个毫无二致的结局。有了这样的洞察，人们就会在不免有些苍茫的悲凉中，获得某种顿悟，从而参透一切苦厄，把身外之物看淡，豁达、潇洒，了无牵挂，无忧而有喜。我理解，这就是“出世”的思想，是指从总体上看，要把世事看淡。

但若只停留在这一层面上，那就确实有点“消极”的味道了。只讲“出世”而不讲“入世”，对人生的体悟还说不上全面深刻。有了“入世”对于“出世”的加入和融汇，就把人的高低境界区分出来了。

人活着要谋生，要做事，不论是为自己，还是为社会，都来不得半点虚妄。太阳每日升起，每日落下，一个人的一生能看到多少次日出日落的景致？因此就要珍惜，绝不要虚度光阴。春花秋月，酷暑严冬，黾勉苦辛。要每日都过得充实、有意义，有益于人，也有益于自己。积极乐观，把眼前做的每一件事都看成盛大的庆典，既轰轰烈烈，又扎扎实实。不悲观，不厌世，一步一步坚定地向前走去。明知愈走愈接近那谁也无法逃避的终点，却始终是坚定地前行。这样的人生，是摆脱了大悲苦而拥有大欢喜的人生。

掌握人生自主权

自己的道路,再亲密的人也不能替你走;真实人生的风风雨雨只有自己能感受。

听朋友讲完"有什么行动,才会有什么结果"的演讲,有个女子怯生生地举起手来问,她想出国留学,但她爸爸,也就是她的老板不同意,该怎么办?

原来,她算是衔着金汤匙出生的,她的家庭拥有一个不断扩展的家族企业,每个家族成员一走出学校就有一份固定的工作。但她显然并没因此而快乐,在家族企业工作了几年,等于从没接触过社会,单调的生活加上没有成长的感觉,使她的眼神变得愈来愈暗淡无神。

现在,出国是她的梦想,托福、CRE 都考过了,她打算出外攻读企管学位。可是,只要她一提起出国计划,爸妈就觉得她"不知足"、"叛逆",以"还没结婚的女孩子出国会很危险"为理由来阻挠。她是个乖孩子,从来没有做过违逆爸妈意愿的事,亲情与自我意志的斗争使她不知所措。

"如果一辈子都没办法实现自己的梦想,你会遗憾吗?"身为"生涯规划"讲师的朋友问她。女子很坚定地点点头,一副"我会死不瞑目"的表情。朋友说:"勇于剪断脐带,实现自己的梦想,并不是不孝。如果你什么都没有准备就和父母空谈,很容易会遭到反对。你可以在准备就绪后,再坚定地告诉父母你的决定,相信他们会知道,你是认真的,何况又不是去做坏事,怕什么?"

女子的微笑像大雨过后的第一道阳光。"我知道了,谢谢。其实我决定出去念企管,也是想在回国后多帮我爸爸一点啊!老企业一定需要改革的。"

我看着女子的脸,心想,她大概二十七八岁了吧,如果再过 10 年,她还不能踏出"革命女性"的第一步,继续委屈地按"别人的意愿"生存,让家中的人为自己的梦想作决定,那将是什么光景呢?

希望她真的能够踏出那一步,因为家人虽可用亲情为你提供庇荫,却无法保佑你一辈子,自己的道路,再亲密的人也不能替你走。

我知道,亲人怕你被风吹雨淋,但真实人生的风风雨雨,只有你自己能感受。

我想起不久前因为主持电视节目而访谈的一位老先生。那真是一个令我瞠目结舌的“恐怖”孝亲范例，虽然他曾经当选孝亲楷模和模范父亲，看起来也绝对是个“好人”。他很会念书，在“日据”时代，以平民人家子弟的身份考上国立大学，并通过公务人员的鉴定考试。“知书达理”的他也非常孝顺，只要父母要他做的，再卑贱的工作他也不敢不从，妻子是父母要他娶的，在那个时代诚属理所当然。他的妻子也是温良恭谦的传统女子。但是，不管她做得多好，只要父亲一不高兴，要他打老婆，和妻子感情再好的他也不敢不从。近 30 岁时，妻子早产生下双胞胎女婴，他的父母说，是男的就救，女的就算了，他也不敢不从，即使家中付得出保温箱的钱，他也不敢据理力争，就让自己的女儿“算了”。

他不断讲述委屈的陈年往事，脸上有着“有谁比我更孝顺”的沾沾自喜，但也同时抽搐着一种莫名的悲哀。虽然他的父亲在他的孝顺服侍下已近百龄，但几年前他还想过要同太太去自杀，因为“我虽然是家中老大，但在我父亲的眼中，还不如一只蚂蚁……”他的声音转为哭调。

70 岁的他，哭得像个孩子……我怀疑，他没长大过，70 岁了，他还在向父母要肯定……

孝亲美德值得歌颂，但我一点都不认为他的孝顺值得赞扬，我只想逃走。我想他的父母到了 90 高龄还要应付一个动不动就怪父母、还在讨糖吃、还要自杀给他们看的老孩子，真是伤脑筋呢。

曾有个刚进入社会的朋友和我谈起他的家庭。他感叹说，眼看别人的父母都有为且有能，出钱且出力，为孩子提供优越的环境，他偏注定要白手起家，一个人艰苦奋斗，薪水已然微薄，还要帮忙补贴家中花费，命真是坏啊。

我对他说，别急着在这时候下判断，或许你成长时期的“无依无靠”也可以解释成“无拘无束”呢，酝酿出坚强的生命力，掌握人生的自主权，正是最丰富的资产。早一点学会掌舵，你不会后悔。

家族聚会中，留学、移民异国多年的弟弟，带着老婆和孩子回来了。大家一起吃火锅，母亲忽然很感伤地对我说：“对不起，当初没有钱让你去留学……”

这不是母亲第一次提起这件事情。我提醒她：“妈，别再说了，现在我不是很好吗？”时移事易后，我早已不再懊恼。

“我只是觉得，对你不是很公平……”

当然不是很公平，台大快毕业，考完托福的我，和母亲商量出国留学的事，掌管经济大权的母亲，本来对我念大学就不是那么支持，此时不假思索地说：“女孩子念那么多书干吗？我们家的钱是要留给弟弟念书的，你得自己想办法。”

从小不太爱读书的弟弟，却在母亲的积极鼓励下，一毕业就飞往澳洲读硕士学位。

“你得自己想办法”这句话，当初听来十分刺耳，却也十分奏效地把人生方向盘完全丢到我自己的手中。

后来我考上了研究生，拿到了奖学金，早上 8 点到学校上课，下课后到报社上班，下班时已是晚上 12 点，周六周日在中央图书馆努力写报告。刚开始时真是辛苦，不久后，造就一番兼差本事。虽然没有出国，到底还是拿了“土”硕士的学位，也从没饿着过自己。

一切独立的我变得勇敢，也在接受各种磨炼后慢慢成熟，在挫折中学会了人生的路自己走。

一切是我的选择，走在自己的路上，我看到丰富而细致的人生风景。时代变了，人人都有机会改变，从小被灌输“只有男人是社会上有用的人”思想的母亲，后来受了些现代思想的洗礼，检讨了当初重男轻女的错误，多次忏悔没有让我出国留学。我没到国外念博士，仔细想来并没有损失什么。我喜欢我走过的这条路。

从独立中我学会最好的事就是，我拥有了自己的价值观和判断力，对自己的人生拥有自主权。

我敢发誓，至少我不会在往后的人生中怪母亲：“都是你当初叫我……所以我才……”

快乐和悲伤，自行负责，这才是真正的长大。

生命的滋味

电话里，朋友告诉我，他为了一件忍无可忍的事，终于发脾气骂人了。我问他，发了脾气以后，会后悔吗？

他说:“我要学着不后悔。就好像在摔了一个茶杯之后又百般设法再粘起来的那种后悔,我不要。”

我静静聆听着朋友低沉的声音,心里忽然有种怅惘的感觉。

我们在少年时原本都有着纯洁的灵魂啊!为什么一定要在成长的过程里让它逐渐变得复杂呢?为什么要在种种牵绊里不断伤害着自己和别人呢?还要学着不去后悔,这一切,都是为了什么呢?

那一整天,我耳边总会响起瓷杯在坚硬的地面上破裂的声音,那一片一片曾经怎样光润如玉的碎瓷在刹那间迸飞得满地。

我也能学会不去后悔吗?

生命里充满了大大小小的争夺,包括快乐与自由在内,都免不了一番拼斗。

年轻的时候,总是紧紧跟随着周遭的人群,急着向前走,急着想知道一切,急着要得到我应该可以得到的东西,却要到今天才能明白:我以为我争夺到手的也就是我拱手让出的,我以为我从此得到的其实就是我从此失去的。

但是,如果想改正和挽回一切,却需要有更多和更大的勇气才行。

人到中年,逐渐有了一种不同的价值观,原来认为很重要的事情竟然不再那么重要了,而一直被自己忽略了的种种却开始不断前来呼唤我,像那草叶间的风声,那海洋起伏的呼吸,还有那夜里一地的月光。

多希望能够把脚步放慢,多希望能够回应大自然里所有美丽生命的呼唤!

可是,我总是没有足够的勇气回应它们,从小的教育已经把我塑铸成为一个温顺的无法离群的普通人,只能在安排好的长路上逐日前行。

假如有一天,我忽然变成了我所羡慕的隐者,那么,在隐身山林之前,自我必定要经过一场异常惨烈的厮杀吧?

也许可以这样说:那些不争不夺、无欲无求的隐者,也许反而是有着更大的欲望,和生命做着更强硬争夺的人才对。

是不是可以这样解释呢?

弗洛姆说过:如果我真正爱一个人,则我爱所有的人,我爱全世界,我爱生命。如果我能够对一个人说“我爱你”,则我必能够说“在你之中我爱一切人,通过你,我爱全世界,在你生命中我也爱我自己”。

原来，爱一个人，并不仅仅只是强烈的感情而已，它还是“一项决心，一项判断，一项承诺”。

那么，在那天夜里，走在乡间滨海的小路上，我忽然间有了想大声呼唤的那种欲望也是非常正常的了。

我刚刚从海边走过来，心中仍然十分不舍得把那样细白洁净的沙滩抛在身后。那天晚上，夜凉如水，宝蓝色的夜空里星月交辉，我赤足站在海边，能够感觉到浮面沙粒的温热干爽和松散，也能够同时感觉到再下一层沙粒的湿润清凉和坚实，浪潮在静夜里的声音特别缓慢，特别轻柔。

想一想，要多少年的时光才能装满这一片波涛起伏的海洋？要多少年的时光才能把山石冲蚀成细柔的沙粒并且把它们均匀地铺在我的脚下？要多少年的时光才能酝酿出这样一个清凉美丽的夜晚？要多少多少年的时光这个世界才能够等候到我们的来临？

若是在这样的时刻里还不肯说出久藏在心里的秘密，若是在享有的时候还时时担忧它的无常，若是在爱与被爱的时候还时时计算着什么时候会不再爱与被爱，那么，我哪里是在享用我的生命呢？我不过是不断地在浪费它、摧折它而已。

那天晚上，我当然还是要离开，我当然还是要把海浪、沙岸还有月光都抛在身后。可是，我心里却还是感激着的，所以才不禁向这整个世界呼唤起来：“谢谢，谢谢这一切的一切啊！”

我想，在那宝蓝色深邃的星空之上，在那亿万光年的距离之外，必定有一种温柔和慈悲的力量听到了我的感谢，并且微微俯首向我怜爱地微笑了吧。

在我大声呼唤着的那一刻，是不是也同时下了决心、做了判断、有了承诺了呢？

如果我能够学会了去真正地爱我的生命，我必定也能学会了真正地去爱人和爱这个世界。

所以，请让我学着为自己的行为负责，请让我学着不去后悔，当然，也请让我学着不要重复自己的错误。

请让我明白，每一条走过来的路径都有它不得不这样跋涉的理由，请让我相信，每一条要走上去的前途也有它不得不那样选择的方向。

请让我生活在这一刻，让我去好好享用我的今天。

在这一切之外，请让我领略生命的卑微与尊贵。

请让我知道，整个人类的生命就有如一件一直在琢磨着的艺术创作，在我之前早已有了开始，在我之后不会停顿也不会结束，而我的来临我的存在却是这漫长的琢磨过程之中必不可少的一点，我的每一种努力都会留下印记。

请让我，让我能从容地品尝这生命的滋味。

有压力才有动力

有一个男孩在草地上发现了一个蛹，他把蛹捡起来带回家，想看看蛹是怎样孕育为蝴蝶的。

过了几天，蛹上出现了一个小裂缝，里面的蝴蝶挣扎了好几个小时，可是身体似乎被卡住了，一直出不来。

小男孩看着于心不忍，于是他拿起剪刀把蛹剪开，帮助蝴蝶脱蛹而出。可是这只蝴蝶的身躯臃肿，翅膀干瘪，根本飞不起来，不久就死去了。

瓜熟蒂落，水到渠成。蝴蝶必得在蛹中痛苦挣扎，直到它的双翅强壮了，才会破蛹而出。

人何尝不是如此？磨炼、挣扎，这都是成长必经的过程。急于成功的人，别忘了一句哲人的名言："人生必须背负重担，一步一步慢慢地走，稳稳地走，总有一天，你会发现自己是那走得最远的人。"

有个企业家坐在餐厅的角落里，独自一人喝着闷酒。一位热心人走上前去问道："您一定有什么难题，不妨说出来，让我给您帮帮忙。"

企业家看了他一眼，冷冷地说："我的问题太多了，没有人能够帮我。"

这位热心人立刻掏出名片，要企业家明天到他办公室去一趟。

第二天，企业家依约前往，这位热心人说："走，我带你去一个地方。"企业家不知道他葫芦里卖的是什么药。

热心人用车子把企业家带到荒郊野地，两人下了车，热心人指着坟场对企业家说："你看看吧，只有躺在这里的人才是统统没有问题的。"企业家恍然大悟。

请记住这样一句话："只要有问题，就有存活的希望；只要敢于正视问题，解决问题，就可以前进。"

华裔电脑名人王安博士声称，影响他一生的最大教训发生在他6岁时。

有一天，王安外出玩耍。路经一棵大树的时候，突然有什么东西掉在他的头上，伸手一抓，原来是个鸟巢，从里面滚出了一只嗷嗷待哺的小麻雀。他很喜欢它，决定把它带回去喂养，于是连鸟巢一起带回了家。他走到门口，忽然想到妈妈不允许他在家养小动物。他只好轻轻地把小麻雀放在门后，急忙走进屋内，请求妈妈的允许。

在他的哀求下，妈妈破例答应了这一请求。王安兴奋地跑到门后，不料，小麻雀已经不见了。一只黑猫正在意犹未尽地舔舐着嘴巴。王安为此伤心了好久。

从这件事上，王安得到了一个很大的教训：只要是自己认为对的事情，不可优柔寡断，必须马上付诸行动。不能做决定的人，固然没有做错事的机会，但也失去了成功的机遇。

让生活之泉涓涓不息

生活就像是在空中抛接五只球的游戏。这五只球分别是：工作、家庭、健康、友谊、精神。将五个球同时在空中抛接的确是一门艺术。不久你会发现：唯有工作是一个橡皮球，掉在地上还会弹起来。而其他四个球都是玻璃的，掉在地上便会留下疤痕、裂缝，或摔得粉碎，总之不可能再恢复原样。所以我们要努力保持自己的平衡，才能把它们在手里玩得转。

那么该怎样去做呢？

不要总把自己与别人比较，这样会愈看自己愈不满意。如同你的指纹一样，世界上的每一个人都是独一无二的。

不要根据别人认为重要的东西来制定自己的追求目标，而应当努力去争取自己觉得是最好的东西。

不要以为最接近自己内心的东西与生俱来，可以像自来水一样随时予求予取。要如同保护自己的眼睛一样维护它们。失去它们，你就会变成只有心脏而没有心灵的行尸走肉。

不要匆匆忙忙地过一生，以至于忘记自己从哪里来，要到哪里去。生命不是一场速度赛跑，而是一步一个脚印走过来的旅程。

不要耽于昨天或明天而任凭今天从指间流走。每一天都活在当下，你就会享受到所有的日子。生命不是以数量而是以质量来计算的。

如果你还可以付出，就不要轻言放弃。在你停止努力的那一刻之前，什么也没有真正结束。

不要怕承认自己并不完美，我们就是靠一根脆弱的细丝相互连在一起的。

不要怕面对风险，我们都是在闯炼中学会勇敢的。

不要对自己说不可能找到爱情而就此永远关闭大门。得到爱情最快的方法是给予，失去爱情最快的方法是像对待硬币一样紧紧捂在你的口袋里，保持爱情最好的办法是给它插上翅膀。

不要忘记一个人最大的感情需要是得到他人的理解。

不要怕学习新的东西。知识没有重量，是可以随身携带的宝藏，没有人会被它压垮，而且拥有的愈多你愈身心矫健。

昨天是历史，明天是谜语，而今天是礼物，所以在英语中我们把“今天”称为 Present。

放弃也是一种宽容

很多人都喜欢房子清扫过后焕然一新的感觉，同样，理完发的感觉也十分美好，因为多余的东西被去除了。

儿童是快乐的，因为他没有过多的心事，也没有不必要的忧虑。而成人则不同，我们的生命中有太多的积压物和太多想象出来的复杂以及一些扩大了的悲痛。

用电脑的人都知道，回收站是需要经常清空的，否则会占用过多的空间，影响计算机的运转速度。人的头脑也是。你不能什么都扔掉，你也不能什么都留着。聪明的人是善于取舍的人，是适时取舍的人。有太多心事的人走不快，完全没有心事的人又多半缺乏理性。

而生命的难度也正在于此，你要不断清扫和放弃一些东西，因为生命里填塞的东西愈少，就愈能发挥潜能。记得一部戏里，一个人对主人公说：“走吧，不要回头，做不好不要回来。”他的意思是让他离开这里，是希望不要让过去拖累他。

清扫心灵是一种挣扎与奋斗的过程。人生是一个不断挥手的旅程，少年要告别家乡，伤心人要告别伤心地，雄鹰要告别安逸，快乐要告别悲伤。没有告别，就没有成长，要坚强，就要勇于转身，离别是为了更好地相聚。

一个人没有宽容便没有成长。在一切成功要素中，胸怀是第一位，或者也可以说宽容是第一位的。

有的时候，放弃进攻的言词，放弃愤怒的冲动，放弃报复的渴望，本身就是一种宽容。

聪明的人也经常要放弃解释。在许多人看来，解释就是掩饰。李敖说得好：有时解释是不必要的，敌人不信你的解释，朋友无须你的解释。许多事情根本就无须解释，天不晴有时就是因为雨没下透，下透了就好了。

成功的人不要怕挨骂，因为只要你做事，就会出错，就会触动一些人，就会引起某些人的不满。事实上，能有 50%的人赞成你就很不错了，世上极少有百分之百的事情，越美的东西越容易打碎。要锻炼自己正确处理反对意见的能力，要勇敢地主动去征询反对意见。不要抱怨反对者，他完全可以有他自己的看法，这是他的自由，与你无关。不必费力气去和他争辩，

赶路要紧。

几乎每个人都有自己的伤心地，但是我们并不奇怪，一些看起来很重要的地方，比如故乡、母校、原单位、初恋现场，却并不见得有很多人踊跃地回去，那是因为有太多的故事在里面，有太多的沉重在原地。眼不见，心不烦。

而当一切都可以看开时，往往也是没有什么可以失去的时候，时间把往事都冲淡了，只留下了美好的记忆，青春的记忆，成长的记忆，拼搏的记忆，还有擦肩而过的灿烂笑容和寂寞黑夜里的温暖烛光。我参加和采访过许多个校庆，映入我眼帘最多的是慈祥的白发和久别重逢的泪水涟涟。岁月可以软化最冷硬的心灵。

社会心理学家告诉我们，嫉妒产生于相近的业界和区域，冲突往往源自利益的纠缠。“一切生物都暴露在剧烈的斗争之中”，因为一切生物都有高速率增加的倾向，在资源有限的情况下，生存斗争是不可避免的。而最剧烈的斗争，差不多总是发生在同种的个体之间，因为它们居住在同一地域，需要同样食料，遭受同样威胁。一些紧张关系的缓和需要时间和距离，离得远了，感觉无关紧要了，也便放得开了。远远地看去，许多事物都是很

美的。

所以我便常常告诫自己，不必为不能解决的问题沮丧，再不能解决的问题，也会在时间的洪流里消失。敌意也罢，误解也罢，轻视也罢，矛盾也罢，都会随着时间的推移而淡淡化开，时间可以使沧海变成桑田。

我做过很多专栏，但我很少做过一年以上的专栏，因为我觉得对任何一场文字演出来说，一年都足够长了。再好的眼睛，注视一件事物久了都会疲劳的，人的体力、情绪和智力周期决定了一个人无法永远留在高潮，在一个生命周期内，人不可避免地要走向低潮。一年便是一个生命周期。

"及时而漂亮的撤退与漂亮的进攻同样重要。辅佐某人久了，连幸运女神也会累的"。重要的不是到场时博得别人的喝彩，而是离开时别人对你的想念。

引退的美学，即善始善终。它的关键是"终"的时机和方式，顺利抽身退出要比顺利地进入更难，因为山顶很美，因为下山的时候人一般都比较疲惫。

"滚动的石头上不长青苔"，不下这座山便上不了那座山。人的一生会爬无数的山，每一座山都是那样的别致，但没有一座山真的值得你永远地留下来。

影响引退的一个因素是贪恋，另一个因素是过分执著。对于人生利益，任何一个人都不可过分执著。所谓不过分执著，就是不偏执于某一个方面，某一种欲望，某一种企图，某一种目的，某一种过程。任何偏执都可能使人失去中肯的判断，从而错过了美景，贻误了人生。

曾经有段日子，我很惆怅，我喜欢的女孩不在乎我，我精心做的稿子被改来改去，我的身体也出了问题，感冒不时地光顾我，我的生活一塌糊涂。这时我的好朋友对我说："输什么也不能输了心情，有些事情放了吧。"

我决定改变。我不再找那个女孩，那篇稿子我立即投往别处，我也告别了一度懒散而无规律的生活，每天开始打球和跑步。结果，我的身体变得健壮起来，我的那篇稿子很快被发表，而且还得了奖，我不再在乎了的那个女孩开始在乎起了我……

我始终认为，一个人或事能令你不舒服是一定有着什么原因的，有的原因要过很久你才有可能知道，而有些原因你永远都不会知道，但这些都并不重要，重要的是它使你不舒服，它影响你的心情，影响到你的判断，也影响到你的生活。

给别人一个重新认识你的机会，给自己一个认识更广阔世界的机会，有什么不好？

善待自己，享受旅行

旅程是多么令人精神振奋啊！每天都有新的世界在等着你：艺术、建筑、富有情调的音乐舞蹈、变幻的风景，还有那么多的新朋友，这是一种多么刺激的生活方式！

但事物总是有两面，旅程中你还要面对的是：语言障碍，难以接受的食物，不停地讨价还价，不知道什么时候就冒出来的小偷，时刻需要你做出当机立断的决定等等。旅行是一件让人羡慕的事情，同时也是让自己很头痛的事情。你需要有很强的适应能力、很理智的头脑和一颗平常心。学会一些幽默感是可以帮你渡过很多难关的，比如你正筋疲力尽地走在路上，忽然开始下雨，道路变得泥泞不堪，你怎么办？抱怨是没有用的，为什么不感谢上帝至少还没有发大水呢？

既然你选择了目的地，就要学会接受那里不同于你习惯的事物。你离开家，不就是想寻找一个不同的世界吗？为什么不享受这种不同呢？

世界各地的时间观念可谓差得很远，形象的比喻就是有的像兔子跑，有的则像蜗牛爬，而你有的时候要跟得上兔子，有的时候却要和蜗牛一起爬。你不得不调整好你的脚步，即使有的时候感觉好像是在浪费时间。不过我倒觉得，过于紧张的旅行恐怕对神经也没有什么好处吧。

很多人并不是很介意准时与否，这是有一定原因的。先说说你为什么喜欢准时，因为你一直以来都认为“早起的鸟儿有虫吃”，生活是可以通过个人的努力改变的。而对于一些国家的人来说，他们的生活方式好像在出生的时候就已经注定了，准时似乎并不会改变他们的生活。其实这种没有过多压力的顺其自然的生活方式，倒也有好的一面。为什么不试着放松下来，享受这短暂的懒散时光呢？

我在奥克萨卡看到一个十分幽雅的古老剧院，但前去观看时却吃了闭门羹，加上那天的天气不太好，我的心情开始沮丧起来。但是我还是最后坚持了一下，看看其他的地方是否有别的入口。奇迹果然出现了，在一个不起眼的角落,我看到一个小门,门口坐着一个上了年纪的扎着小辫的土著男人,他很高兴领着我四处转转,一边领着我参观,一边讲起了这个曾经是那么辉煌的剧院的旧事,还有很多的古老传说。我们聊了很久,直到日薄西山,我才恋恋不舍地离开了那里,至今我还记得老人那有些忧伤而神秘的声音。

当你觉得灰心的时候,为什么不再试一次呢?否则,也许一念之间,你就与机会擦肩而过了。

旅行会帮助我们找到一些问题的答案,比如为什么人们会这样或那样做。记得那次在一个小镇上我看到很多的工人在用锤子将大石头砸成小石子,然后卖给建筑工地。我当时不明白为什么这个并不是很贫困的地方会采取这样原始的办法,机械化会将这一切简化的。后来随着了解的深入,我终于明白在这个人口众多的国家,过多的机械化只能使更多的人失去工作的机会,这也是不是办法的办法。

通过旅行我还学会了不要以点盖面,不要因为几次不愉快的经历而否定所有的人。我们不能一开始就戴上有色眼镜,否则就看不清人群真正的样子。

我曾经认识一位女士,她绝对是个不可多得的旅伴。记得当时我们共同乘坐一辆狭小闷热的汽车,外面烈日如火,而她只是安静地望着窗外,有时候甚至有一丝微笑出现在她的嘴边。下了车,我问她为什么能如此恬静,她告诉我当时她正在欣赏马路两边的树,它们在微风中晃动好像是快乐的舞者,这让她忘记了自己的烦恼。

我很欣赏她的乐观,是的,我们经常会遇到这样那样的麻烦:车晚点;航班取消;过境处偏偏等你赶到的时候下班了;好不容易在大热天找到一家带空调的旅店,那晚偏偏停电;外面是阳光、沙滩、海浪、游客的欢笑声,而你只能呆在屋子里,因为你病了……这些事情总是经常来打搅你的心情,你该怎么办?心烦意乱?坐卧不安?抱怨个不停?可这有什么用呢?

学会用乐观平和的态度面对生活,多留意你周围隐藏着的快乐源泉。只有感到幸福的人才是幸福的,不是吗?

记得在拉姆岛我遇到一对来自澳大利亚的小夫妻,他们在岛的腹地租了一间小屋子,先不说要花多长时间才能从海边走到那里,且说屋子的内部条件:只有一扇天窗,硬邦邦的床,简陋的室外洗手间,蚊子可以自由飞舞，出门还要提防乱咬乱叫的狗。而他们之所以租它，并不是想体验原始生活，只是因为这里的租金便宜：5 美元一个晚上。相比之下，我的房间靠近大海，很大很敞亮，有室内卫生间和淋浴，风扇嗡嗡作响但运转良好，还有一个小阳台可以观赏窗外的大海。得到这一切只需要多付 4 美元。我真的觉得那对小夫妻错过了很多好东西。

首先你要了解：我是为了节约鞋而光脚，还是为了保护脚而穿上鞋？如果道路平坦，光脚也就罢了，要是满路都是荆棘呢？你还会选择光脚吗？

天堂是人造的

有一个武士向白隐禅师请教有关地狱与天堂的问题，白隐禅师看了武士一眼说："你虽是一个武士，但没有人会重用你，因为你不但丑而且笨。"武士一听勃然大怒，愤怒之下，他拔出宝刀，就要向禅师砍去。白隐禅师不为所动，反而轻声细语地说道："地狱之门由此打开。"武士闻听此言，知道自己错了，立刻弃刀于地，谦和有礼地向禅师鞠躬道歉，心中满是惭愧。这时候，只见白隐禅师微微一笑，手拈银须脱口说道："天堂之门由此打开。"白隐禅师大智大慧，举手投足间就将人生的两极解释得浅显明白。古人说，境由心造。是下地狱，还是上天堂，往往只在一念之间。天堂是人造的。

人的一生，就是一个不断求福、求富、求快乐、求美满的过程。所谓天堂，就是一生都能幸福平安、富贵满堂、吉祥快乐、如意美满。如果一个人一生能集此于一身，那他生前就已经生活在天堂，又何必祈求死后上天堂呢？

然而，现实的情形是，大多数人对生活过于苛求，整天忙忙碌碌，争名夺利，不懂得快意回首，更不懂得在生活的花园里稍稍停留，看一看花开花落，听一听莺歌燕语，以求得一份心灵上的舒展，结果是身心俱累，黯淡了目光，破坏了心情。人生的趣味可谓一塌糊涂。

天堂是人造的。一个人在漫漫的人生之旅中，要拼搏，要奋斗，要竭尽全力奋发向上。但是，在忙碌的工作之余，也不能丢失了人生的趣味。对于父母，我们要尽一份孝心；对于妻子，我们要留一点爱意；对于子女，我们要多一点呵护。

因为世间万物中，情是最珍贵的。一个人，如果他父母安康，妻贤子孝，再加上有一份踏踏实实的工作，即使他只是一介草民，每日粗茶淡饭，他也已经是生活在天堂，又何必他求！

天堂是人造的，人生总难免风霜雨雪，但只要你不气馁、不停留，幸福就会降临到你的生活中。

快乐的来源

如果要想获得快乐，我们首先必须知道什么是快乐。心理学家对快乐的定义是：一种主观上安乐的状态，一种平衡而满足的内在感受。当我们快乐的时候，我们喜爱自己，热爱生活，能够从每一天当中得到乐趣。

许多与快乐联系在一起的因素——财富、盛名和好运，实际上并非真正与之有关。的确，贫困会带来痛苦，但我们一旦能够负担得起日常必需品，那么增加的财富就几乎不会再增加快乐。在世界上最富有的美国和欧洲，研究人员发现，收入与快乐之间的相互联系微乎其微，事实上几乎没有联系，甚至连那些巨富也比普通人快乐不了多少。

命运对快乐的影响常常遭到忽视。好消息（如升职和彩票中奖）令我们在短时间内感到快乐，之后我们就习以为常了。坏消息（如结束一段恋爱关系和失业）令我们在短时间内感到悲伤，之后我们又习以为常了。逐渐适应的机制解释了人们在经历过造成生理残疾的事故和其他悲剧后能够再次快乐起来的原因。

快乐的能力似乎受到生理和遗传的影响。研究表明，大脑额前皮层产生的电波活动越强，人就可能越快乐。我们通过对同卵双胞胎的研究发现，每个人天生有一个快乐的“设定点”，一个人的平均水平几乎总是遗传而来的。但是，这并不意味着我们总停留在上天赋予我们的水平。我们可以采取增进快乐和消除不快的方法来超越“设定点”，方法如下：

人们往往会想：“当我遇到合适的人，我会快乐的。”或者“当我得到加薪的时候，我会快乐的。”但是，如果想要快乐，就必须“抓住今天”，因为我们所能掌握的唯一时间就是现在。

这听起来平淡无奇，但我们往往没有把追求快乐作为重点。相反，我们总是把日程安排得过满，慌慌张张地处理计划清单上的事，然后筋疲力尽地倒在床上。

罗伯特·路易斯·史蒂文森写道："最被我们低估的义务就是快乐的义务。"把"我想要快乐"这句话写在一张纸上，把纸贴在浴室的镜子上，这样，你每天早上都能看见它。它会提醒你珍惜生活中所有能带给你快乐的东西：与孩子度过愉快时光，饮一杯你最喜爱的咖啡，与同事开玩笑，让玫瑰花丛免遭厄运。

快乐隐藏在生活的细微琐事当中，如果你不仔细审视，它就会无影无踪。记住，注意这些细节是你的义务。

俗话说，知足者常乐。但是，当今的世界并不鼓励我们珍视自己已经拥有的一切。许多课程教给人们如何取得成功，但很少有什么课程教人如何心怀感激，因此，我们必须自己教给自己。

列举所有大大小小的令你的生活充满意义的事情，包括你自己的天赋。列举你所喜爱的所有人的十个优点。不仅要列出你的物质财富，而且要列出你在所居住城市或街区的所见所闻。不要忽视大自然的恩赐：树木、花草、鸟类和动物。当你审视这些事物时，感激之情（通向快乐的大河）就会贯穿你的心灵。

让生活按你的意愿发展，接受业已发生的一切——快乐是这两者之间的一种平衡。如何对两者加以区分？认真想想你的工作、恋爱和其他重要问题，客观地考虑一下可以调整什么，最好接受什么以及必须改变什么。如果你和你的配偶难以交流沟通，那就考虑接受婚姻咨询。如果你对自己的工作感到厌烦，那么寻求其他机会可能是明智之举。一旦你决定改变，就要坚持下去。一旦你做出了实际的决定，就要按照决定采取行动，你的快乐程度就会增加。

作家奥尔德斯·赫胥黎说过："快乐是一种副产品，是你在做其他事情的过程中获取的东西。"快乐的人未必是最忙碌的人，但是，他们通常忙于自己所热心的事情。当你专注地从事某项活动（绘画、纺织、木工、电脑编程、运动等等）时，你就会进入一种全神贯注的状态。研究这一问题的专家米哈伊·奇克森特米哈特称之为一种"自如的行动状态"。在这种状态下，你和你所做的事情合二为一，并会从这种全身心的投入中产生一种满足感。

社会关系密切的人比那些离群索居的人更快乐。人们相处融洽，在工作时就会非常快乐，所以着手了解你的同事们吧。最后，参加至少一项志愿活动。当你帮助他人时，你会感觉良好。

饮食得当并锻炼身体将会增添我们生活中的快乐。艰苦的锻炼会释放出内啡肽——人体中一种令人愉悦的化学物质，但是，简单的活动比如每天散步半小时也会使人身体健康，心情愉快。散步使你有时间观察世界，回想一天中的乐趣，并且增加你的感激之情，这是一种令身心合一的活动。

所谓乐观，就是认为事情可能会一帆风顺。乐观情绪会激发适应力、热情和坚毅精神，而这些恰恰是我们保持每日快乐所需要的因素。研究发现，乐观主义者实际上比其他人更为实际，更愿意接受坏消息，这也许是因为他们觉得自己能使事情有所改观。如果你是那种一味注意消极现象的人，那么就要采取一些办法改变你的注意焦点，比如坚持在日记中记录每天的愉快经历。警惕无助的感觉，因为这种感觉往往会带来悲观情绪。如果你不喜欢自己的处境，那就采取行动加以改变。当你通过坦言、写信或谋求改变来改善处境时，你就会意识到，你可以发挥作用。

无论成功大小，快乐的人很自然地会自我感觉良好，因为他们不依靠别人来博取嘉许。你可以增强自信心。如果你的父母过分苛刻、不够慈爱甚至心不在焉，那你就要自己肯定自己。方法在于，诚实地评估你的优势和弱点，意识到你的弱点是人所不可避免的。原谅你自己的错误，所有人都会犯错。确定实际的目标，为每个成就喝彩，无论这个成就多么渺小。寻求亲密朋友和你所爱的人的支持，或者自己为自己喝彩。最重要的是，接受你自己的感觉，如果你不再自责，就能体验到快乐的情绪。

选择快乐

一位叫鲍威尔?达尔的美国妇女，她只有一只眼睛，而且视力极差，几近盲人。但她不愿生活在别人的同情中，小时候她很想和其他孩子玩“跳房子”的游戏，却看不到地上的线，于是她常常一个人趴在地上找划在那儿的线，并记下线的位置，然后再和小朋友一起玩，居然玩得很好。她看书非常吃力，每次都得将书举到靠近眼睫毛的地方才行，然而由于她在家里一直坚持读书，最后竟拿到了哥伦比亚大学的文学硕士学位，并成为一所学院的教授。

是什么力量支撑着达尔克服了常人难以想象的困难而达到了人生的辉煌境界呢？一般情况下，我们总会这样理解：不屈从命运，有信心与勇气、毅力等等。然而事实似乎并非仅仅如此，达尔在她所著的《我想看》一书中这样写道："在我内心深处，一直隐藏着对眼盲的恐惧。为了克服这种念头，我选择了欢乐，一种近乎嬉闹的生活态度。"

达尔是快乐的，因为她趴在地上尚能看到那条线，把书举到眼前尚能读到文字，至于成了"跳房子"好手，获得了学位，做了教授，不过是快乐所带给她的人生礼物。她从不抱怨生活，相反地，她不断地从自己那残缺的生活中获取乐趣，而且正是这种乐趣的存在，才使得她努力地生活着，一步一步地朝人生的高处走去。

和达尔比起来，我们大多数人都是幸运的，因为我们可以毫不费力地"跳房子"和看书。然而，我们是否也常常像达尔那样感到快乐？快乐隐藏在琐碎生活的每一个细节里，更多的时候，它不是财富，不是权势，而是一颗积极向上的健康的心灵。

快乐人生指南

1.一发现错误，立即改正。

2.牢记自己喜爱的诗词歌赋。

3.别尽信耳听、花光所有的积蓄或贪睡。

4.不要打断别人对你的称赞。

5.多读些书，少看些电视。

6.毫无保留地去爱，虽然可能会因此受到伤害，但只有这样，才会拥有一个完整的人生。

7.和他人意见不和，可据理力争，但不可辱骂对方。

8.与一个你喜欢并能与之谈心的人结婚，因为当你的年纪越来越大时，你会发现沟通变得越来越重要。

9.谨记：伟大的爱和卓越的成就都需要冒极大的风险。

10.尊重别人，尊重自己，为自己的行为负责。

11.如果失败了，千万不要忘记失败的教训。

12.微笑着接听电话，对方会感觉到你的微笑。

13.让自己有独处的时间。

14.随时准备接受新事物，但不要丢弃应珍惜的东西。

15.沉默有时是最好的答案。

16.过快乐而有尊严的人生，那么，当你回想过去的岁月时，就可以再一次快乐地享受人生。

17.家对每一个人都很重要，努力创造一个和睦温暖的家。

18.多与别人分享你的思想和知识，这是达到不朽的途径之一。

19.专注自己的事务。

20.条件允许的话，每年作一次远游。

21.如果你非常有钱，请用你的金钱帮助他人，这是富有所能得到的最大满足。

22.要知道，有时候，得不到想得到的，是一种运气。

23.规则要懂，但不要死守，要学会变通。

24.最美好的爱情是彼此对对方的爱远远超过对对方的要求。

25.你的性格就是你的命运。

26.用付出的代价去衡量成功。

父母的忠告

几乎所有的父母都期望自己的子女有一番作为，在事业、家庭等方面获得成功。但是我们可曾想过如何才能使自己的子女获得人生的成功。美国著名社会心理学家和婚姻问题研究专家劳伦·李博士从大量生活指南读物及许多朋友的生活经历中汇集和概括了以下重要原则和方法。他说：在孩子们成长的过程中，你应该坚持灌输这些，引导他们走向成功。你有责任告诉孩子：

1. 依主次顺序安排你的生活。确定什么是你生活中最重要的，把他们写在纸上、记在心上。要坚持天天这样做。

2. 记下你的梦想。然后，把这些梦想变成目标，再把这些目标变成任务，最后，把这些任务变成实施的步骤。

3. 然后开始着手你的工作，现在就开始！规定好完成的日期。

4. 读一些关于成功人物的文章。这有助于你自己确定理想的生活。

5. 向成功人士请教。把你的目标和行动计划给那些已经在这方面获得成功的人看看，并请他们给你提提建议。有现成的经验为何不去借鉴呢？

6. 对于不够理想的不要满足，在那些对你来说最为重要的问题上不要折中。你要得到令你满意的东西。

7. 从他人的错误中吸取教训。这比你从自己的错误中吸取教训要廉价得多，痛苦也少得多。

8. 把注意力集中于你想要的东西上。不要把注意力集中于那些你不想要的东西或是你目前的境遇上。你要得到那些你最想要的——所以把注意力集中于你想要的东西上，每时每刻都这样。

9. 给别人受重视的感觉。可以用下述方式表达：问候、拥抱、传真、书信、邮件、礼品，还有最重要的一样——你宝贵的时间。

10. 健康是第一位的！获得并保持良好的健康状况。只有拥有良好的健康，你才能享受你的财富。这对与你相关的人也有好处。

11.做你想做的。这对所有人都有好处。

12.放松、平和。平静些，坦然些。这样，你在多数情况下都能够适度、理智地处事。

13.多休息。充分的休息，使精神和体能重新得到补充和加强。

14.多喝水。这有助于你的皮肤保持湿润、光滑、富有青春活力。水是最有益于健康的饮料。

15.多走走、多感受，开阔眼界。了解别人如何生活，冒点险去丰富你的生活。

16.在生活中享受冒险的乐趣。尤其是当你所失甚少、所得甚多时，你将从这些新增加的阅历中学到很多。

17.天天学点新东西。这是快乐的秘诀。注意一下，当你在学一些你想学的新东西时，你是多么快乐！

18.无论做什么事情都争取优秀。不管你做什么工作，从事什么职业，经营什么生产，都争取达到你所能达到的最好程度。你付出的努力越多，你也就越优秀。

19.不断进步，每天有所得总比每天无所得要好。在你生活的各个领域中都坚持这样做。千万不要停步不前。

20.使用电脑。用电脑安排你的生活，掌握了它，你能在所从事工作的各方面都学得更多、更快。你会惊奇于它为你的快速成长提供了那么多帮助，并且启发了你的创造力天赋。

21.提高做事效率。给自己提出挑战，以更少的财力和精力更快地达到目标。

22.成功不是终点。这一点要常记心中。成功很重要，但它只是通向你目标的渐进过程。

23.不要拿自己和别人相比。总有比你更为成功的人，干吗让自己泄气、灰心呢？尽力去做，这就足够了！

24.建立诚实的声誉，这是每个人都需要的。把声誉建立在正直、诚实、可信的基础上。要耐心些，因为这需要时间，但这很值得努力。

25.把善意散布到四面八方。那些展示善意最少的人，倒像是最需要善意的人——尤其是现在。记住：要始终充满善意！

26.每天锻炼，至少散步 30 分钟。单独去或有个好伴同行。这个时候你可以享受大自然，还可以跟同伴聊聊自己的理想和目标。

第五章

踩着失败走向成功

成功与失败就像两座港湾，中间只隔着一条河，若你愿意迈步，这条河是那么的狭窄，一步便能跨过；但若你过于相信自己，坚信迎来成功只是时间的问题，却不去努力，那么等你再去瞻望成功的港湾时，你会发现那条河变得是那么的宽阔且遥不可及。

失败是通往成功的铺路石

该亚·博通早年埋头于发明创造，他先是发明了脱水肉饼干，这却未给他带来多少好处，反使他在经济上陷入窘境。有了第一次失败的教训，又经过两年反反复复的试验，他终于又制成了一种新产品——炼乳，并决定把它推向市场。博通的第一步是要寻求专利保护。

博通发明的炼乳是一种纯净、新鲜的牛奶，牛奶中的大部分水分在低温中利用真空抽掉。但是，博通在为他的发明寻求专利权时，得到的答复是产品缺乏新意。并且，专利局官员告诉他，在已批准的专利申请存档中已经有数十种"脱水乳"的专利权，其中包括一种"以任何已知方法脱水"。博通并不甘心，又一次提出申请。但他的第二次申请又再度被驳回，因为专利官员判定"真空脱水"并非是必要的过程，博通的发明只是被认为制作态度比较谨慎而已。他的第三次申请仍被拒绝，理由是博通未能证明"从母牛身上挤出的新鲜牛奶在露天地方脱水"与其他制作方式的目的不一致。

虽然三次申请，三次被驳回，但这并未把博通击倒。他对专利权仍然穷追不舍，因为他坚信他的创造。他的第四次申请终于被批准了。

然而，虽然有了专利权，推销新产品的过程也不是一帆风顺的。博通的工厂是由一家车店改造的，租金便宜，刚开业时，博通每天花费 18 个小时在厂里指导炼乳的生产方法，监督生产程序，检查卫生清洁情况。由于附近有纯正且营养丰富的牛奶供应，因而炼乳的成本较低。

于是，博通小心地挑选了一位社区领袖做他的第一位顾客，因为这位社区领袖对炼乳的意见会有助于巩固新公司及其产品在该地区的地位，而且这位社区领袖对产品也表示了赞赏。但是，当时当地的顾客习惯的是把掺有水分的牛奶放入一些发酵晶进行蒸馏，他们都觉得炼乳稀奇古怪，对它有疑心，所以，很少有人问津。新公司出师屡屡不利，甚至到了山穷水尽的地步——博通的两位合伙人都失去了信心，第一家炼乳厂被迫关闭了。

在失败面前，该亚·博通破釜沉舟，又建起了新厂，也许是他的努力感动了上帝，他的第二次尝试终于获得了成功。在他逝世时，他的公司已根深蒂固，成为在美国具有领导地位的炼乳公司。博通的创业奋斗奠定了现代牛奶工业生产的基石。

在博通的墓碑上，有这样一段墓志铭："我尝试过，但失败了。我一再尝试，终于成功。"这正是对他一生的总结，也是对每个渴望成功的人的一种激励。

善待失败

罗森沃德是美国最大的百货公司西尔斯—娄巴克公司的最大股东，他也是美国20世纪商界风云人物。然而，这个做服装生意起家的富翁却也经历了许多创业时的失败与艰辛。

罗森沃德1862年出生在德国的一个犹太人家庭，少年时随家人移居美国，定居在伊利诺伊斯州斯普林菲尔德市。

罗森沃德的家境不大好，为了维持生活，中学毕业后，他就到纽约的服装店当跑腿，做些杂工。罗森沃德从年幼时就受犹太人的教育影响，骨子里有一种艰苦奋斗的精神。他确信一个人只要选定了目标，然后坚持不懈地往目标迈进，百折不挠，胜利一定会酬报有心人的。罗森沃德本着这种信念，十分卖力地赚了几百块钱。"我要当一个服装店老板。"这是罗森沃德的奋斗目标。为了实现这个目标，他除了在工作中留心学习和积累经验外，还把全部的业余时间用于学习商业知识和寻找有关的书刊阅读。到了1884年，他自认为有些经验和小本金了，便决定自己开设服装店。可是，他的商店门可罗雀，生意极不佳，经营了一年多，把多年辛苦积蓄的一点血汗钱全都亏光了，商店只好关门，罗森沃德垂头丧气地离开纽约，回到伊利诺伊斯州去。

痛定思痛，罗森沃德反复思考自己失败的原因。最后，他找出了缘由：服装是人们的生活必需品，但同时也是一种装饰品，它既要实用，又要新颖，这样才能满足各种用户的需求。而他经营的服装店，既没有自己的特色，也没有任何新意，再加上未建立起商誉，没有销售渠道，因此注定是要失败的。

针对自己失败的原因，罗森沃德决心改进，他毫不气馁地继续学习和研究服装店的经营办法。他一边到服装设计学校去学习，一边进行服装市场考察，特别是对世界各国时装进行了专门研究。一年后，他对服装设计很有心得，对市场行情也看得较为清楚，于是决定重振旗鼓，向朋友借来几百美元，先在芝加哥开设了一间只有 10 多平方米的服装加工店。这一次罗森沃德的服装店除了展出他亲自设计的新款服式图样外，还可以根据顾客的需求对已定型的服式进行改进，甚至完全按顾客的口述要求重新设计。因为他的服装设计款式多，新颖精美，再加其灵活经营，很快博得了客户的欣赏，生意十分兴旺。两年后，他把自己的服装加工店扩大了数十倍，改为服装公司，大批量生产各种时装。

从此以后，罗森沃德财源广进，声名鹊起。

无知者无畏

1796 年的一天，德国哥廷根大学，一个 19 岁的青年吃完晚饭，开始做导师每天单独布置给他的数学题。正常情况下，青年总是在两个小时内完成这项例行作业。

像往常一样，前两道题目在两个小时内顺利地完成了。第三道题写在一张小纸条上，是要求只用圆规和一把没有刻度的直尺做出正十七边形。青年没有在意，像做前两道题一样开始做起来。然而，做着做着，青年感到越来越吃力。

困难激起了青年的斗志：我一定要把它做出来！他拿起圆规和直尺，在纸上画着，尝试着用一些超常规的思路去解这道题。当窗口露出一丝曙光时，青年长舒了一口气，他终于解出了这道难题。

当他把作业交给导师后，导师当即惊呆了。他用颤抖的声音对青年说："这真是你自己做出来的？你知不知道，你解开了一道有两千多年历史的数学难题？阿基米德没有解出来，牛顿也没有解出来，你竟然一个晚上就解出来了！你真是天才！我最近正在研究这道难题，昨天给你布置题目时，不小心把写有这个题目的小纸条夹在了给你的题目里。"

多年以后，这个青年回忆起这一幕时，总是说："如果当初有人告诉我，这是一道有着两千多年历史的数学难题，我就不可能在一个晚上解决它。"

这个青年就是后来成为"数学王子"的高斯。

坚持到底就会胜利

24 岁的约翰逊是一位平凡的美国人，他以母亲的家具做抵押，得到了 500 美元贷款，开办了一家小小的出版公司。

他创办的第一本杂志是《黑人文摘》。为了扩大发行量，他有了一个非常大胆的想法：征集一系列以"假如我是黑人"为题的文章，请白人在写文章的时候把自己摆放在黑人的位置上，严肃地来看待这个问题。

他想，如果请罗斯福总统的夫人埃莉诺来写一篇这样的文章是最好不过了。于是，约翰逊便给罗斯福夫人写了一封请求信。

罗斯福夫人给约翰逊回了信，说她太忙，没有时间写。约翰逊见罗斯福夫人没有说自己不愿意写，就决定坚持下去，一定要请罗斯福夫人写一篇文章。

一个月后，约翰逊又给罗斯福夫人发去了一封信。夫人回信仍说太忙。此后，每过一个月，约翰逊就给罗斯福夫人写一封信。夫人也总是回信说连一分钟的空闲也没有。约翰逊依然坚持发信，他相信，只要他坚持下去，总有一天夫人是会有时间的。

一天，他在报上看到了罗斯福夫人在芝加哥发表谈话的消息。他决定再试一次。他打了一份电报给罗斯福夫人，问她是否愿意趁在芝加哥的时候为《黑人文摘》写那样一篇文章。

罗斯福夫人终于被约翰逊的坚毅感动了，寄来了文章。结果，《黑人文摘》的发行量在一个月之内由 5 万份增加到了 15 万份。这件事成为约翰逊事业的重要转折点。

后来，约翰逊的出版公司成为美国第二大黑人企业。

脚踏实地地走好自己的路

巴黎面包师傅波廉做的法国黑面包，畅销全球。

波廉从父亲手中接下面包店时，就立志走不一样的路。所以，他决定不做新口味面包，而是找回几乎已被人们遗忘的老口味面包。

波廉花了两年时间，登门求教了 10000 多个老烘焙师傅。等研究结束，他已经尝了很多种从没吃过的面包，而且还就整个研究过程写了本书。这本书至今仍是法国各地烹饪学校的必备教科书之一。此外，他还有一间专门收集各种有关面包书籍的私人图书馆，里面藏书超过 2000 册。

经过这番长期研究，波廉发现以前的法国面包是黑面包，而不是现在人们熟悉的白面包。波廉解释说："传统的黑面色，因为是穷苦人家吃的，二次大战以后，几乎销声匿迹。而来自外地的白面包，象征有钱及自由，于是成为新宠。"

基于民族情感和市场定位，波廉不做白面包，他将全部精力投入复古味的黑面包。

其实，面包师傅所做的工作并不特别复杂或困难，但是必须全神贯注。波廉说："三种相同的原料就能做出千种以上口味不同的面包，这是因为水与面粉混合比例、生产地气候、发酵时间甚至烤炉设计及燃料来源都会影响面包的味道。"因此，波廉坚持要用砖及黏土制造的烤炉，而且燃料一定要用木材。他发现唯有如此，生产出来的面包送到其他地方再加温才能保持原味。

由于各地条件不一定能够完全配合，波廉也就没有在全球各地开设分店。为了做世界各地的生意，波廉便将面包厂设在巴黎机场附近，然后依靠机场旁的联邦快递转运中心及时将面包送到世界各地。

波廉的面包顾客满天下，受到全世界人民的喜爱。

实现梦想的途径

1968 年的春天，罗伯·舒乐博士立志在加州用玻璃建造一座水晶大教堂。

他向著名的设计师菲力浦·约翰森表达了自己的构想："我要的不是一座普通的教堂，我要在人间建造一座伊甸园。"

约翰森问他预算时，舒乐博士坚定而明快地说："我现在一分钱也没有，然而 100 万美元与 400 万美元的预算对我来说没有区别。重要的是，这座教堂本身要具有足够的魅力来吸引捐款。"

教堂最终的预算为 700 万美元，700 万美元对当时的舒乐博士来说是个超出了能力范围甚至超出了理解范围的数字。

当天夜里，舒乐博士拿出一页白纸，在最上面写上“700万美元”，然后又写下10行字：

1.寻找1笔700万美元的捐款；

2.寻找7笔100万美元的捐款；

3.寻找14笔50万美元的捐款；

4.寻找28笔25万美元的捐款；

5.寻找70笔10万美元的捐款；

6.寻找100笔7万美元的捐款；

7.寻找140笔5万美元的捐款；

8.寻找280笔2.5万美元的捐款；

9.寻找700笔1万美元的捐款；

10.卖掉10000扇窗，每扇700美元。

60天后，舒乐博士用奇特而美妙的水晶大教堂模型打动了富商约翰?可林，他捐出了第一笔100万美元。

第65天，一对倾听了舒乐博士演讲的农民夫妇捐出了1000美元。

第90天，一位被舒乐孜孜不倦精神所感动的陌生人，在生日的当天寄给舒乐博士一张100万美元的银行支票。

8个月后，一名捐款者对舒乐博士说：“如果你的诚意与努力能筹到600万美元，剩下的100万美元将由我来支付。”

第二年，舒乐博士以每扇500美元的价格请求美国人认购水晶大教堂的窗户，付款的办法为每月50美元，10个月分期付清。6个月内，1万多扇窗户全部售出。

1980年9月，历时12年，可容纳1万多人的水晶大教堂竣工，成为世界建筑史上的奇迹与经典，也成为世界各地前往加州的人必去观赏的胜景。

水晶大教堂最终的造价为2000万美元，全部是舒乐博士一点一滴筹集而来的。

永不放弃是成功的关键

梅西于 1882 年生于波士顿，年轻时出过海，之后开了一家小杂货铺，卖些针线。铺子很快就倒闭了。一年后他另开了一家小杂货铺，仍以失败告终。

在淘金热席卷美国时，梅西在加利福尼亚开了个小饭馆，本以为供应淘金客膳食是稳赚不赔的买卖，岂料多数淘金者一无所获，什么也买不起，这样一来小铺又倒了台。

回到马萨诸塞州之后，梅西又满怀信心地干起了布匹服装生意，可是这一回他不只是倒闭，而简直是彻底破产，赔了个精光。

不死心的梅西又跑到新英格兰做布匹服装生意。这一回他时来运转了，他买卖做得很灵活，甚至把生意做到了街头商店。虽然头一天开张时账面上才收入 11.08 美元，但后来位于曼哈顿中心地区的梅西公司却成为世界上最大的百货商店之一。梅西成了美国百货大王。

让我们再来看一个屡败屡战的事例。

保罗?高尔文是个身强力壮的爱尔兰农家子弟，充满进取精神。13 岁时，他见别的孩子在火车站月台上卖爆玉米花，也不由得被这个行当吸引了，就一头闯了进去。

但是他不懂得，早已占好地盘的孩子们并不欢迎有人来竞争。为了帮他懂得这个道理，他们抢走了他的爆玉米花，把它们全部倒在街上。

第一次世界大战以后，高尔文从部队复员回家，他在威斯康星办起了一家电池公司。可是无论他怎么卖劲折腾，产品依然打不开销路。有一天，高尔文离开厂房去吃午餐，回来后只见大门上了锁，公司被查封了，高尔文甚至不能再进去取出他挂在衣架上的大衣。

1926 年他又跟人合伙做起收音机生意来。当时，全美国估计有 3000 台收音机，预计 2 年后将扩大 100 倍。但这些收音机都是用电池作能源的，于是他们想发明一种灯丝电源整流器来代替电池。这个想法本来不错，但产品还是打不开销路。眼看着生意一天天走下坡路，他们似乎又要停业关门了。

此时高尔文通过邮购销售办法招揽了大批客户。他手里一有了钱，就办起了专门制造整流器和交流电真空管收音机的公司。可是没出 3 年,高尔文依然破了产。

这时他已陷入绝境,只剩下最后一个挣扎的机会了。当时他一心想把收音机装到汽车上,但有许多技术上的困难有待克服。

到 1930 年底,他的制造厂账面上已净欠 374 万美元。在一个周末的晚上,他回到家中,妻子正等着他拿钱来买食物、交房租,可他摸遍全身只有 24 块钱,而且全是借来的。

然而,高尔文并没有停止奋斗,经过多年的不懈努力,高尔文终于成了腰缠万贯的富翁。他盖起的豪华住宅,就是用他的第一部汽车收音机的牌子命名的。

不要计较一时的得失

日本东京岛村产业公司及丸芳物产公司董事长岛村芳雄,不仅创造了著名的“原价销售法”,还利用这种方法,使自己由一个一贫如洗的店员变成了一位产业大亨。

岛村芳雄初到东京的时候,在一家包装材料厂当店员,薪金十分微薄,时常囊空如洗。由于没钱买东西,岛村下班后唯一的乐趣就是在街头闲逛,欣赏行人的服装和他们所提的东西。

有一天,岛村又像往常一样在街上漫无目的地溜达,无意中,他发现许多行人手中都提着一个纸袋,这些纸袋是买东西时商店给顾客装东西用的。一个念头在岛村的脑中闪现了,他认为这种纸袋一定会风行一时,做纸袋生意一定会大赚一笔钱。

考虑到自己一无经验,二无资金,岛村创造了一种新的销售方法,即“原价销售法”,从而在激烈的商业竞争中站稳了脚跟,并为日后的发展打下了雄厚的基础。

所谓原价销售法,就是以一定的价格买进,然后以同样的价格卖出,在这个过程中,中间商没有赚一分钱。

岛村先往麻产地冈山的麻绳商场,以 5 角钱的价格大量买进 45 厘米规格的麻绳,然后按原价卖给东京一带的纸袋工厂。这种完全无利润的生意做了一年后,在东京一带的纸袋工厂中,人们都知道“岛村的绳索确实便宜”，订货单也像雪片一样，从各地源源而来。

见时机成熟，岛村便开始着手实施自己的第二步行动。他先拿着购货收据，前去订货客户处诉苦：“你们看，到现在为止，我是一毛钱也没有赚你们的。如果再让我这样继续为你们服务的话，我便只有破产这一条路可走了。”

交涉的结果是，订货客户为岛村的诚实和信誉所感动，心甘情愿地把交货价格提高为5角5分钱。

接下来，岛村又与冈山麻绳厂商洽谈：“您卖给我一条5角钱，我是一直按原价卖给别人的，因此才得到现在这么多的订货。如果这种赔本生意让我继续做下去的话，我只有关门倒闭了。”

冈山的厂商一看岛村开给客户的收据存根，大吃了一惊。这样甘愿做不赚钱生意的人，他们还是生平第一次遇到。于是，这些厂商们没有多加考虑，就把麻绳价格降低为一条4角5分钱。

如此一来，以当时一天1000万条的交货量来计算，岛村一天的利润就可以达到100万元。创业2年后，岛村就成为名满天下的人。

兴趣是最好的动力

台湾著名漫画家朱德庸，25岁就红透宝岛，《双响炮》、《涩女郎》、《醋溜族》等作品在台湾经久不衰，他的作品在内地也非常畅销。但令人想不到的是，小时候的朱德庸却是一个“差生”。

朱德庸天生对图形很敏感，但对文字类的东西接受起来却很困难。在十几年的学生生涯中，他一直认为自己非常笨。读中学的时候，朱德庸完全没有办法接受刻板的“填鸭式”教育，他像个皮球一样被许多学校踢来踢去，就连最差的学校也不愿意招收他。

开始他也像老师们一样认为自己非常笨，十几岁以后才明白，自己不是笨，而是有学习障碍。他发现自己天生对文字反应迟钝，但对图形很敏感。

谈到求学时的痛苦经历，朱德庸说：“我的求学过程非常悲惨！学习障碍、自闭、自卑，只有画画使我快乐。”画画是唯一能让朱德庸感到轻松的事情。他说：“外面的世界我没法待下去，唯一的办法就是回到自己的世界，因为这个世界里有我的快乐。在学校里受了老师的打击，我敢怒不敢言，但一回到家我就画画，不停地画，然后自己心情就会变好了。”

他的父母为此伤透了脑筋，也吃了很多苦头，他们动不动就被叫到学校去，听老师训话，还时常要带着小德庸到各个学校去看人家的脸色，求人家收留这个学生。幸运的是，朱德庸的父母从不给他施加压力，一直任他自由发展。他的爸爸还会经常裁好白纸，整整齐齐订起来，给他做画本。

朱德庸后来回忆说：“如果我的父母也像学校老师一样逼我学习，那我肯定要死……每个人都有天赋，但是有些人的天赋被他们的家长或者社会的习惯意识遮盖了，进而就丧失了。”在这一点上朱德庸很感谢自己的父亲，在他小时候非常想画画又总拿着笔画个不停的时候，他的父亲没有阻止他，相反支持了他。

关于天赋，朱德庸有非常精彩的见解：

“我相信，人和动物是一样的，每个人都有自己的天赋，比如老虎有锋利的牙齿，兔子有高超的奔跑力，所以它们能在大自然中生存下来。人也是一样，不过是很多人在成长过程中把自己的天赋忘了，就像有的人被迫当了医生，而他可能是怕血的，那他就不会快乐。人们都希望成为老虎，而这其中有很多只能是兔子，久而久之，就成了四不像。我们为什么放着很优秀的兔子不当，而一定要当很烂的老虎呢？社会就是很奇怪，本来兔子有兔子的本能，狮子有狮子的本能，但是社会强迫所有的人都去做狮子，结果出来一批烂狮子。我还好，天赋或者说本能，没有被掐死。”

付出就有收获

世界上的雄辩家，有很多都是曾经被认为说话笨拙的人，狄里斯就是其中一个。

狄里斯生于公元382年，在西欧被称为“历史性的雄辩家”。据说，他的声音很低，而呼吸很短促，因此口齿不清，旁人经常听不懂他在说些什么。

不过，他的知识非常渊博，因此他的想法也相当深奥，很擅长分析事理，几乎无人能出其右。

当时，在狄里斯的祖国首都雅典，有着很严重的政治纷争，因此，能言善辩的人格外受到重视。一向能把握时代潮流和趋势的狄里斯,认为自己缺乏演说技巧是很不适宜的。于是他作了一番充分的考虑,并且准备好演讲的内容,从容走上了演讲台。但是,很不幸,他遭到了可怜的失败。

原因就在于他那由于声音很低和肺活量不足而导致的口齿不清,以至于别人无法听清楚他所说的话。但是,狄里斯并不灰心,他反而比过去更努力地训练自己的发音和演说技巧。

他每天都跑到海边去,对着浪花拍打的岩石大声喊叫,回家以后,又对着镜子,照自己说的话的嘴型,作发音练习,一直持续不辍。狄里斯就是这样努力了好几年,直到他 27 岁时,终于再度走上演讲台。

辛苦的努力总算有了成果。他这次盛大的演讲得到了许多的喝彩与掌声,而狄里斯的名气也就这样打响了起来。

熟能生巧

有这样一个广为流传的故事。

明朝万历年间,中国北方的女真为患。皇帝为了要抵御强敌,决心整修万里长城。当时号称天下第一关的山海关早已年久失修,其中“天下第一关”几个题字中的“一”字,已经脱落多时。

万历皇帝募集各地书法名家,希望恢复山海关的本来面貌。各地名士闻讯,纷纷前来挥毫,但是依旧没有一个人的字能够表达“天下第一关”的原味。皇帝于是再下诏告,宣布只要字能入选的,就能够获得重赏。经过严格的筛选,最后中选的,竟是山海关旁一家客栈的店小二,真是跌破大家的眼镜。

在题字当天,会场被挤得水泄不通,官家也早就备妥了笔墨纸砚,等候店小二挥毫。但只见主角抬头看着山海关的牌楼,舍弃了狼毫大笔不用,拿起一块抹布往砚台里一沾,大喝一声“一”,纸上立刻出现了一个绝妙的“一”字,十分干净利落。旁观者莫不给予惊叹的掌声。

有人好奇地问他为何能够写得如此成功的秘诀,他久久无法回答,后来勉强答道:“其实,我想不出有什么秘诀,我只是在这里当了三十多年的店小二,每当擦桌子时,我就望着牌楼上的‘一’字,一挥一擦就这样而已。”

原来这位店小二的工作地点，正好面对山海关的城门，每当他拿起抹布清理桌上的油污之际，视角刚好正对准“天下第一关”的“一”字。因此，他不由自主地天天看、天天擦，数十年如一日，久而久之，就熟能生巧、巧而精通了。这就是他为什么能够把这个“一”字临摹得炉火纯青、惟妙惟肖的原因。

创新在“歧途”

1899年，爱因斯坦在瑞士苏黎世联邦工业大学就读时，他的导师是数学家明可夫斯基。爱因斯坦肯动脑、爱思考，深得明可夫斯基的赏识。师徒二人经常在一起探讨科学、哲学和人生。

有一次，爱因斯坦突发奇想，问明可夫斯基：“一个人，比如说我吧，究竟怎样才能在科学领域、在人生道路上留下自己的闪光足迹，作出自己的杰出贡献呢？”

一向才思敏捷的明可夫斯基却被问住了，直到三天后，他才急匆匆地找到爱因斯坦，非常兴奋地说：“对于你那天提的问题，我终于有了答案！”

“什么答案？”爱因斯坦迫不及待地抱住老师的胳膊，“快告诉我呀！”

明可夫斯基手脚并用地比画了一阵，怎么也说不明白，于是，他拉起爱因斯坦就朝一处建筑工地走去，而且径直踏上了建筑工人刚刚铺平的水泥地面。在建筑工人们的呵斥声中，爱因斯坦被弄得一头雾水，非常不解地问明可夫斯基：

“老师，您这不是领我误入歧途吗？”

“对、对，歧途！”明可夫斯基顾不得别人的指责，非常专注地说，“看到了吧？只有这样的‘歧途’，才能留下足迹！”

然后，他又解释说：“只有新的领域，只有尚未凝固的地方，才能留下深深的脚印。那些凝固很久的老地面，那些被无数人、无数脚步踏过的地方，别想再踩出脚印来……”

听到这里，爱因斯坦沉思良久，然后非常感激地对明可夫斯基说：“恩师，我明白您的意思了！”

从此，一种非常强烈的开拓和创新意识开始主导着爱因斯坦的思维和行动。他曾经说过这样的话：“我从来不记忆词典、手册里的东西，我的脑袋只用来思考那些还未被载入书本的东西。”

于是，就在爱因斯坦走出校园，初涉世事的几年里，他作为伯尔尼专利局里一个默默无闻的小职员，利用业余时间进行科学研究，在物理学三个未知领域里齐头并进，大胆而果断地挑战并突破了牛顿力学。在刚刚26岁的时候，他就提出并建立了狭义相对论，开创了物理学的新纪元，为人类作出了卓越的贡献，也在科学史册上留下了深深的闪光足迹。

成功与年龄无关

哈里·莱伯曼是个很喜欢下棋的老人，他每天必到老年俱乐部和棋友下几个小时棋，然后再散步回家，日子过得闲适安逸。

有一次，哈里?莱伯曼的棋友突然病了，没办法和他下棋了。俱乐部的管理员为他安排了其他的老人做棋友，他感觉不太适应，就放弃了。老人心情沮丧地准备回家，这时俱乐部管理员建议："您可以试着尝试另一种娱乐方式，譬如去绘画。"

在俱乐部管理员的建议下，哈里?莱伯曼来到了俱乐部的画室，画室里摆着许多画，还有许多作画的工具。

俱乐部管理员说："先生，您可以先在这里试着画一画。"

哈里?莱伯曼听了哈哈大笑："你说什么，让我在这里作画？我可是从来没有摸过画笔。"

俱乐部管理员鼓励他说："那有什么关系，您可以试着画一幅，说不定您会觉得感兴趣呢。"

于是，哈里?莱伯曼来到画架前，平生第一次摆弄起了画笔和颜料。哈里?莱伯曼在画室里呆了一下午，觉得这一切真的很有意思，他对画画产生了兴趣，那一年他80岁。

哈里?莱伯曼决定学画，别人都以为他说笑话，80岁高龄的人，头昏眼花，能画好吗？他还有多少时间画画呢？但他学了，而且学得很好。

哈里?莱伯曼81岁的时候，他到学校去上绘画课，开始积累绘画知识。他把自己的时间全部倾注在绘画上。他画得不但好，而且很特别。

1977年，洛杉矶一家颇有名望的艺术陈列室举办了一次主题为"哈里·莱伯曼101岁"的画展，哈里?莱伯曼的作品被许多收藏家高价收藏。

他的作品富有活力和想象力，运笔、意境俱佳，得到了评论界高度的评价。

哈里?莱伯曼创造了世界画坛上的两个奇迹：一是高龄学画；二是画有所成。

活到老学到老

众所周知，犹太民族是一个重视学习的民族。“忍冻学习的希勒尔”是一个为犹太人所熟悉的故事。

名垂千古的希勒尔年轻的时候，抱着一个很大的希望，那就是专心致志研究《犹太教则》。可是，他没有足够的时间，也没有充裕的金钱，他的愿望显得有些遥不可及，因为他实在太穷了。

左思右想之后，他终于发现了一个可以完成心愿的办法：拼命地工作，靠工钱的一半过活，把剩下的钱送给学校的看门人。

“这些钱给你，”希勒尔对看门人说，“不过，请你让我进学校去听课，我很想听听贤人们在说什么。”

在几天之内，希勒尔就靠着这种办法听了不少课，可是他的钱实在太少了，到最后他连一片面包也买不起。这时候，让他感到难受的并不是饥饿，而是看门人坚决地拦住了他，不再让他走进学校一步。

怎么办呢？他终于找到了一个好办法。他沿着学校的墙壁慢慢爬上去，然后躺在天窗边。这样，他就可以清楚地看见教室里面上课的情形，也可以听到教师讲课的声音。

安息日前夕，天寒地冻，冷风刺骨。第二天，学生们照常到学校去上课，屋外阳光灿烂，可是屋里却漆黑一片。学生们很纳闷，不知道屋里为什么那么暗。

原来，希勒尔躺在天窗上，身上积了一层白雪，已经被冻得半死。他在天窗上已经躺了整整一夜了。

从此以后，凡是有犹太人以贫穷或者没有时间为借口不去求学，人们就会这样问：“你比希勒尔还穷吗？你比他还没有时间吗？”

再来看下面的这个故事。拉比·阿基瓦是一个贫苦的牧羊人，直到40岁才开始学习，但后来却成为最伟大的犹太学者之一。

传说拉比·阿基瓦在40岁之前什么都没有学过。在他与富有的卡尔巴·撒弗阿的女儿结婚之后，新婚妻子催他到耶路撒冷学习《律法书》。

“我都40岁了，”他对妻子说，“我还能有什么成就？他们都会嘲笑我的，因为我一无所知。”

“我来让你看点东西，”妻子说，“给我牵来一头背部受伤的驴子。”

阿基瓦把驴子牵来后，她用灰土和草药敷在驴子的伤背上，于是，驴子看起来非常滑稽。

他们把驴子牵到市场上的第一天，人们都指着驴子大笑。第二天又是如此。但第三天就没有人再指着驴子笑了。

“去学习《律法书》吧，”阿基瓦的妻子说，“今天人们会笑话你，明天他们就不会再笑话你了，而后天他们就会说‘他就是那样’。”

在故事中，阿基瓦妻子的意思是他40岁去学习，即使别人会嘲笑他，但是第三天就不会嘲笑了，因为什么时候学习都不迟。因此，犹太人常把希勒尔说过的一句名言挂在嘴边：“此时不学，更待何时？”并以此激励自己或鼓励别人去学习知识。

坦然地面对荣誉

居里夫人因取得了巨大的科学成就而闻名天下，她一生获得各种奖金10次，各种奖章16枚，各种名誉头衔117个，但她对此都全不在意。

有一天，她的一位女友来访，忽然发现她的小女儿正在玩一枚金质奖章，而那枚金质奖章正是大名鼎鼎的英国皇家学会刚刚颁给她的，女友不禁大吃一惊，忙问：“居里夫人，能够得到一枚英国皇家学会的奖章是极高的荣誉，你怎么能给孩子玩呢？”

居里夫人笑了笑说：“我是想让孩子从小就知道，荣誉就像玩具，只能玩玩而已，绝不能够永远守着它，否则将一事无成。”

1921年，居里夫人应邀访问美国。美国妇女为了表示对她的崇敬之情，主动捐赠1克镭给她，要知道，1克镭的价值是在百万美元以上。

这是她急需的。虽然她是镭的母亲——发明者和所有者（但她放弃为此而申请专利），可是她买不起昂贵的镭。

在赠送仪式之前，当看到《赠送证明书》上写着“赠给居里夫人”的字样时，她不高兴了。

她声明说:“这个证书需要修改。美国人民赠送给我的这1克镭永远属于科学,但是假如这样规定,这1克镭就成了我的私人财产,那怎么行呢?”

主办者在惊愕之余,打心眼里佩服这位大科学家的高尚人品,马上请来一位律师,将证书修改后,居里夫人才在《赠送证明书》上签了字。

勇敢地面对挫折

奥古斯特·罗丹,19世纪法国最伟大的雕塑家,西方近代雕塑史上继往开来的一位大师,他的雕塑作品《思想者》是当今世界上最著名的雕像之一。

罗丹出生于巴黎拉丁区的一个公务员家庭。父亲一直希望罗丹能掌握一门手艺,过殷实的生活。但是罗丹从小醉心于美术,为此,父亲曾撕毁罗丹的画,将他的铅笔投入火炉。罗丹的功课都很差,上课时也在画画,老师曾用戒尺狠狠打他的手,使他有一个星期不能握笔。在姐姐的资助下,罗丹上了一所工艺美校,在那里,他学习了绘画和雕塑的一些基本知识,并立志要当一名雕塑家。

罗丹去报考著名的巴黎美专,可能是由于他的作品不太符合主考者的口味,一连三次都没有被录取。罗丹遭到如此挫折,决心再也不投考官方的艺术学校了。不久,一直资助他的姐姐病逝,罗丹心灰意懒,决心进修道院去赎罪。后来,在修道院长的鼓励下,罗丹重新树立起从事艺术的志愿,于半年后离开了修道院。

在罗丹几乎丧失信心的时候,他在工艺美校时的老师勒考克一直鼓励着他。同时他遇到了他的模特儿兼伴侣罗丝,开始了他的创作生涯。

罗丹创作的头像《塌鼻人》遭到了学院派的轻视,但罗丹仍是夜以继日地工作着。他曾在比利时和雕塑家范?拉斯堡合作,稍稍有了一点积蓄。利用这点钱,罗丹访问了意大利的佛罗伦萨、罗马等地,研究了那里保存的各个时期的艺术大师的作品。这次游历使罗丹收获很多,回布鲁塞尔后就创作出了精心构制的作品《青铜时代》。

由于雕像过于逼真,罗丹竟被指控从尸身上模印。罗丹百般申辩,经过官方长时间的调查,才证明这确系罗丹的艺术创作,一场风波就此平息，而罗丹的名声也由此传开了。

从比利时回到法国，罗丹的创作已部分地受到了上流社会的承认。1880年，他接受政府的委托，为正在筹建的实用美术博物馆设计大门。罗丹以意大利诗人但丁《神曲》中的《地狱篇》为题材，构思了规模宏大的《地狱大门》。这件作品整个创作前后费时达20年，最后也没有正式完成，但部分构思却在别的作品中有了体现。

在1900年巴黎三国博览会上，一个专设的展厅陈列了罗丹的171件作品，成为艺术界的盛典。成千上万的人涌来观看《地狱之门》、《巴尔扎克》、《雨果》，来自世界各国的艺术家和社会名流纷纷向罗丹表示祝贺和敬意。罗丹在法国之外的世界获得了极大的声誉，各国博物馆争相购买他的作品，以致能得到罗丹的作品成为当时的时髦事。罗丹终于获得了成功。

1904年，罗丹被设在伦敦的国际美术家协会聘为会长，罗丹的荣誉达到了一生的顶峰。

光荣的罗丹并未就此止步，他唯一的生命便是雕塑。罗丹开始雕塑比真人还大一倍的《思想者》。罗丹亲身感受到脱离了兽类之后的思想者所承受的压力，他通过塑像来表现这种拼搏的伟大。这是罗丹最后一部史诗性的作品，当塑像完成后，他也筋疲力尽了。

把不可能变为可能

有一家效益相当好的大公司，为扩大经营规模，决定高薪招聘一名营销主管。广告一打出来，报名者云集。

面对众多应聘者，招聘工作的负责人说：“相马不如赛马，为了能选拔出高素质的人才，我们出一道实践性的试题，就是想办法把木梳尽量多地卖给和尚。”

绝大多数应聘者感到困惑不解，甚至愤怒：出家人要木梳何用？这不明摆着拿人开涮吗？于是纷纷拂袖而去，最后只剩下三个应聘者：甲、乙和丙。

负责人交代：“以10日为限，届时向我汇报销售成果。”

10日后。

负责人问甲："卖出多少把？"答："1把。""怎么卖的？"甲说他历尽辛苦游说和尚应当买把梳子，没有收到效果，还惨遭和尚的责骂。好在下山途中遇到一个小和尚正一边晒太阳，一边使劲挠着头皮。甲灵机一动，递上木梳，小和尚用后满心欢喜，于是买下一把。

负责人问乙："卖出多少把？"答："10把。""怎么卖的？"乙说他去了一座名山古寺，由于山高风大，进香者的头发都被吹乱了，他找到寺院的住持说："蓬头垢面是对佛的不敬。应在每座庙的香案前放把木梳，供善男信女梳理鬓发。"住持采纳了他的建议。那山有十座庙，于是买下了10把木梳。

负责人问丙："卖出多少把？"答："1000把。"负责人惊问："怎么卖的？"丙说他到一个颇具盛名、香火极旺的深山宝刹，朝圣者、施主络绎不绝。丙对住持说："凡来进香参观者，多有一颗虔诚之心，宝刹应有所回赠，以做纪念，保佑其平安吉祥，鼓励其多做善事。我有一批木梳，您的书法超群，可刻上'积善梳'三个字，便可做赠品。"住持大喜，立即买下1000把木梳。得到"积善梳"的施主与香客也很是高兴，一传十、十传百，朝圣者更多，香火更旺。

毫无疑问，最后丙得到了那个职位。

不要苛求完美

有个马车夫正在倒车。

他的马车上装满了从街巷里拉出来的雪，正停在一个干涸的大涝坝沿上，他打算让马车倒得更完美一点，这样他就可以直接把积雪卸入大涝坝里，而使坑边上不留一点痕迹。看得出，他是那种认真的人，喜欢把活儿干得比别人漂亮。

这个马车夫在这个久已干涸的大涝坝的边缘上倒他的马车。他驾驭的是一架四套马的大车，一匹辕马，三匹稍马。马匹个个精壮，辕马看起来比马车夫还要聪明。车倒到离坑边不到一米时，辕马就坚持不退了。

但是马车夫是一个固执的人，他喜欢完美，他不停地吆喝那几匹马，并且扯着辕马的辔头，坚持让车倒得离涝坝沿更近一些。他倒来倒去，不肯将就。这个马车夫，这个戴直筒帽的马车夫，这个固执的完美主义者，终于在很短的时间里把事情弄得不可收拾了，他的意志和马的领会在关键处发生了一点误差。马车后倒得过了头，车轮移动到边沿，马车夫想改使向前，结果马儿们却猛地一倒，车倾斜了，四匹马的力量想再把这辆悬空的重车拉上来已不可能。那辆载满雪的重车拉着四匹马坠落下去，四匹马的姿势令人哀怜，它们朝天仰面，伸直脖颈，像一些不会飞的大鸟，任凭自己向深渊栽翻下去。

马车夫张大惊恐的眼睛，他使尽全力，发出惊叫，也无法扭转这一瞬间的颠覆。他犯下了终生难忘的错误。

马车和马在两秒间通过自由落体运动直达坝底，马车撞碎，但好在马车不知疼痛，而那四匹马却像覆巢之下柔弱无助的小雏鸟那样，挣扎、抽搐，等待死亡。这时，马车夫用双手抱住脑袋，蹲在涝坝沿上，他已方寸大乱，大祸临头。

做人不要太狂傲

美国著名的《财富》杂志，曾经在封面上刊登过一位年仅 19 岁的年轻人的照片。

他叫詹森·斯维斯彭，一位网站拥有者。他因为在投资家的资助下推出了一个名叫“心想事成”的网站而一举成名，在短短的几个月内，网页的访问量达到 9 亿万人次之巨。

这在美国是绝无仅有的，有人惊叹：难道他是下一个比尔·盖茨？

詹森在网站上收益了上亿美元的资金，成为美国的一位网络新贵。

他陷入巨大的成功中，认为自己有非凡的能力，能办到一切事情。当时许多人并不认为这是狂言，因为他的年龄和成就甚至超过了当年的比尔·盖茨。有不少预测家也断定他必然会累积巨大的财富，成为类似于比尔·盖茨那样的影响全球的人物。

不久，美国许多金融家主动向他提供贷款，给予巨大的财力支持，他的公司很快上市，财富的累积像雪球一样增大，从原来的 1 亿美元扩增到 26 亿美元。

这简直就是一个财富神话。

他成了美女、媒体追逐的对象，他和世界级的超级模特拍拖约会，和大量的媒体接触，甚至准备拍一部反映他的创业史的电影，他的生活也极尽奢华。

不久，美国股市风云突变，詹森公司的股票从原来的168美元狂跌到2美元，公司宣告破产。

仅仅两年后，他变成了一个身无分文的普通人。那些曾经和他热恋的模特和像苍蝇一样追逐他的媒体全部不见了。詹森又四处筹款准备东山再起，但他感到，原来借钱竟然如此困难，没有一家公司和金融机构愿意借钱给他，这让人觉得不可思议。

最后，他从他的叔叔那里借到了钱，又注册了一个网站，但风光不再。

詹森说："经过这些事，我终于明白了，金钱只认得金钱，它不会认得人。以前我失败的原因是，我总认为金钱是认得我的。"

有媒体评价说：这位20岁的年轻人，以后可以成为一位哲学家。

再坚持一下

老亨利是一家大公司的董事长，每年利润就有上百万。但他年过七旬仍不愿意在家里享清福，却每天到公司来巡视。

老亨利对员工很和善，从不发脾气，看见有人工作没做好，他就会用手拔出含在嘴里的大雪茄，亲切地说："伙计，没关系，别灰心，再坚持一下，准能成功。"说完还拍拍对方的肩膀。他这种做法很得人心，全公司上下都十分卖劲地工作，谁也不偷懒。

一天，新产品开发部经理马克向老亨利汇报："董事长，这次试验又失败了，我看就别搞了，都第23次了。"马克皱着眉头，瘦削的脸上神情十分沮丧。办公室里温暖如春，各种装饰品闪闪发光，米黄色的地板一尘不染。看到这些，马克就想起自己经常停暖气的公寓，什么时候自己也能拥有这样的房子？再瞧瞧歪靠在皮椅上的董事长，脑门被阳光照得泛着亮光。这老头有啥本事成为这么大家业的主人？马克心里暗想。

"年轻人，别着急，坐下。"老亨利指了指椅子，"有时候事情就是这样，你屡干屡败，眼看没有希望了，但坚持一下，没准就能成功。"老亨利将一支雪茄塞进他的嘴里。

"董事长，我真没办法了，您是不是换个人？"马克的声音有些沙哑。

“马克,你听我说,我让你搞,就相信你能搞成功。来,我给你讲个故事。”老亨利吸了一口雪茄,缕缕青烟在他脸旁袅袅上升,他眯着眼睛开始讲起来:

“我也是个苦孩子,从小没受过教育,但我不甘心,一直在努力,终于在31岁那年,我发明了一种新型节能灯,这在当时可是个不小的轰动。但我是个穷光蛋,要进一步完善还需要一大笔资金。我好不容易说服了一个私人银行家,他答应给我投资。可因为我这个新型节能灯一旦投放市场,其他灯就会没销路了,所以就有人暗中千方百计阻挠我成功。谁也没想到,就在我要与银行家签约的时候,我突然得了胆囊症,住进了医院,大夫说必须马上做手术,不然会有生命危险。那些灯厂的老板知道我得病的消息后就在报纸上大造舆论,说我得的是绝症,骗取银行的钱来治病。这样一来,那位银行家也半信半疑,不准备投资了。更严重的是,有一家机构也正在加紧研制这种节能灯,如果让他们抢在我前头,我就完蛋了!当时我躺在病床上万分焦急,没有办法,只能铤而走险,先不做手术,仍如期与那位银行家见面。

见面前,我让大夫给我打了镇痛药。在我的办公室见面时,我忍住疼痛,装作没事似的,和银行家拍肩握手,谈笑风生,但时间一长,药劲过去了,我的肚子跟刀割一样疼,后背的衬衣都让汗水浸透了。可我咬紧牙关,继续和银行家周旋,我心里只剩下一个念头:再坚持一下,成功与失败就在能不能挺住这一会儿。病痛终于在我强大的意志力下低头了,自始至终,在银行家面前,我一点破绽也没露,完全取得了他的信任,最后我们终于签了约。我送他到电梯门口,脸上还带着微笑,挥手向他告别。但电梯门刚一关上,我就扑通一下倒在地上,失去了知觉。隔壁的医生早就准备好了,他们冲过来,用担架将我抬走。后来据医生说,当时我的胆囊已经积脓,相当危险!知道内情的人无不佩服我这种精神。我呢,就靠着这种精神一步步走到现在。”

马克被老亨利的故事感动了。他望着董事长那油光发亮的前额,眼眶里闪动着晶莹的泪花,感到万分羞愧。唉,和董事长相比,自己这点困难算什么?从董事长身上他看到一种精神,而这精神就是创造财富的真谛!董事长无愧于成为这个庞大公司的主人,无愧于作为这间高大宽敞、摆放着高级硬木家具房屋的拥有者。

"董事长,您刚才讲得太动人了,从您身上我真的体会到了再坚持一下的精神。我回去重新设计,不成功,誓不罢休!"马克挺着胸,攥着拳,脸涨得通红,说话的声音都有些颤抖了。

事实是最好的证明,在试验进行到第 25 次的时候,马克终于取得了成功。

大意是一个致命的错误

从前,有一位常到森林打猎的猎人,他的眼神犀利如鹰,身手矫健,而且箭法奇准无比,许多动物一见到他,就吓得四处逃命,生怕成为他的箭下亡魂。

这天猎人又到森林里打猎,许多野兽纷纷逃避,只有一只原本在睡午觉的老虎不慌不忙地站了起来,伸了伸懒腰,不耐烦地问:"到底发生了什么事,你们怎么这么吵啊?"

正准备逃命的小狐狸神色紧张地说:"猎人来了, 再待下去可能连命都没了,不走怎么行?"

老虎神色自若地说:"猎人有什么好怕的? 我才不想走呢! 你也不必怕,我会保护你的,以我的威势和力气,谁也无法赢过我,一个小小的猎人算什么!"

小狐狸见老虎一动也不动,好像很有自信的样子,想了一下,决定躲在一旁静观其变。

猎人慢慢地向老虎靠近,老虎怒吼了几声,并且不断地用爪子在泥土上留下深深的爪印,颇有示威之意,因为老虎以为借着凶狠的眼神、震天响的吼声、蓄势待发的动作,就会让猎人吓得打退堂鼓。

没想到,就在老虎心里打着如意算盘,表现出一副谁也伤不了我的样子时,一支又尖又利的箭,不偏不倚地射在老虎身上,老虎虽然奋力挣扎,最后还是因为失血过多而应声倒下。

这时,躲在树丛里的小狐狸探出头来看看老虎,很吃惊地说:"你刚刚不是很有把握能打败猎人吗?"

老虎奄奄一息地说:"都怪我自己太大意了,低估了敌人的实力,才会落得这般下场。"

不要做半途而废的事

有一位烫衣工人住在拖车房中，周薪只有 60 元，他的妻子上夜班。虽然夫妻俩都工作，但赚到的钱也只能勉强糊口。他们的婴儿耳朵发炎，他们只好连电话也拆掉，省下钱去买抗生素治病。

这位工人希望成为作家，夜间和周末都不停地写作，打字机的噼啪声不绝于耳。他的余钱全部用来付邮费，寄原稿给出版商和经纪人。

他的作品全给退回了。退稿信很简短，非常公式化，他甚至不敢确定出版商和经纪人究竟有没有真的看过他的作品。

一天，他读到一部小说，令他想起了自己的某个作品，他把作品的原稿寄给那部小说的出版商，出版商把原稿交给了皮尔·汤姆森。

几个星期后，他收到汤姆森的一封热诚亲切的回信，信中说原稿的瑕疵太多，不过汤姆森的确相信他有成为作家的希望，并鼓励他再试试看。

在此后的 18 个月里，他又给编辑寄去两份原稿，但都被退回了。他开始试着写第四部小说，不过由于生活逼迫，经济上捉襟见肘，他开始放弃希望。

一天夜里，他把原稿扔进垃圾桶。第二天，他的妻子把它捡回来。"你不应该半途而废，"她告诉他，"特别是在你快要成功的时候。"

他盯着那些稿纸发愣。也许他已不再相信自己，但他妻子却相信他会成功，一位他从未见过面的纽约编辑也相信他会成功。因此，每天他都坚持写 1500 字。

写完以后，他把小说寄给汤姆森，不过他以为这次又准会失败。可是他错了，汤姆森的出版公司预付了 2500 美元给他。

这个人就是史蒂芬·金。史蒂芬·金的经典恐怖小说《嘉莉》也就这样诞生了。这本小说后来销售了 500 万册，还被摄制成电影，并成为 1976 年最卖座的电影之一。

第六章

让亲情成为你进步的助推力

在人的情感中，亲情是永恒的话题，因为它与生俱来，也时刻围绕身旁，存于心中，成为你前进的力量，也是你人生的避风港。虽然亲情一直被认为无需歌颂或描绘，但我们无法否认它的伟大。这种伟大往往存在于细微之处，一个动作，哪怕只是本能的反应，都饱含着满满的爱。

舅舅

六岁的时候刚刚小学一年级，爸长驻外地，妈念电大，我和婆婆爷爷舅舅住在一起。婆婆家是典型的老成都四合院砖瓦平房，从大门进去的外间是舅舅的卧室兼书房，里间是婆婆爷爷的卧室，再往里就是厨房。没有卫生间，如果要起夜，厨房里面有一个木制的马桶。整个房间阴暗暗的，感觉很潮，只有房顶上的琉璃瓦可以透进些许白光。如果天气好，太阳通过琉璃瓦射进来，呈一道光柱，好像舞台上打下来的聚光灯一般，灯柱中间尽是些尘土和飞絮在飘扬。如果晚上遇到打雷下雨，我睡在床上仰头便可以看见雨点和着雷声敲打在琉璃瓦上。那时候特别害怕雷鸣闪电，一遇风雨雷电就夜不能寐，小眼睛瞪得溜圆，死死地盯着房顶上那几片透明的琉璃瓦，看闪电从琉璃瓦后面露出的狰狞面孔。雷公每从天上发出一声怒吼，像要把世界都炸裂一样，我都要惊得尖叫，以为房子会被雷震塌下来，于是躲在婆婆的怀里发抖，大哭不已。舅舅听到我在里面哭闹，就会从外屋进来，站到床前抱我、亲我，叫我的小名逗我。我就在舅舅怀里哭得更大声，舅舅一边亲我一边用身体挡住那几片透明的琉璃瓦不让我看，叫我不要怕，说如果房子塌下来，舅舅就扑在我身上帮我挡着。有了舅舅的保护，我觉得很安全了，不再怕雷声和闪电，于是安静地睡去。

华西医院心理卫生中心，说得通俗点就是精神病院。一个用围墙围起来的半个足球场大小的漂亮小院子，有假山，有茂盛的植物，有池塘，池塘里几尾鲤鱼摆着尾巴游来游去，像个小公园。今年成都的春天来得很早，阳光充足，天气暖和，有人在用水泥筑成的假树桩桌子和假树桩凳子那里打扑克、剥水果、聊天，有人在假山和池塘边散步，三三两两，窃窃私语。舅舅现在就住在这里，昨天医生来电话通知妈，说舅舅的病情不太乐观，用药已经到了最大剂量都不见好转，可能需要电疗，要家属来签字。

妈去住院部一楼的医生办公室找主管医生，我在外面等，一抬头就看见颠着奶油肚的舅舅从楼梯上蹒跚地走下来。一个穿白衣的医院护工从上面追下来，要拉他回去，我急忙上去拦住护工，告诉说我是他家属，带他去外面小院里走走。舅舅又矮又胖，走路的时候左晃右摆，我把手搭在他的肩上，带他往小院里走。我问他在医院里面睡得可好，他说还可以，比在家里面睡得好，每天睡觉前医生要喂一颗安眠药，九点钟就睡下了，六点钟起床。舅舅在家里的时候总是不好好睡觉，每天要看电视或者是对着窗子自言自语到东方发白。院子里面有个小卖部，卖些方便面、八宝粥、话梅肉、香烟、卫生纸等零食和生活用品给患者。有次妈来看舅舅的时候给了他两百块钱，他在小卖部买了包豆腐干请妈吃，花了三块，剩下一百九十多放在病房抽屉里就不见了。妈想去问医生，我说算了，医生不会相信这些病人说的话的。后来我们每次来就给舅舅点零钱，让他揣在毛衣的兜里，别到处乱放。舅舅很听话，再没丢过钱。走到一个石凳子前，我问舅舅坐不坐，他说不坐，每天都在房间里面坐，让我陪他走走算了。

在这个院子里走来走去的人，一些是患者，一些是探病的亲友，要区别患者和亲友，只需看他们的裤子——守院门的医生看见穿蓝白竖条裤子的人，就不会放他出去，反之，则随便出入。如果脱了裤子，我想医生也搞不清楚那边两个打羽毛球的和那边打扑克的一堆人中，哪个是正常人，哪个是病人。舅舅读完高中就保送到兰州铁道学院，毕业后搞货运，年轻的时候读了一肚子的书，还游历四方，现在却只能在这个巴掌大的小院里走来走去。

我把在家里洗干净了的青枣拿给他吃，他不吃，说这段时间肠胃不好，昨天有点拉肚子，找医生要了几片黄连素才吃过了，于是我自己拿了一个放到嘴里啃，甜甜的，就是皮嚼起来有一点涩。我想起小时候，舅舅最喜欢带我去春熙路的耀华西餐厅吃西餐喝冷饮。我最喜欢喝冷饮，也喜欢吃那里的冰淇淋，像小鸡蛋一样一团一团的，又甜又腻，舅舅每次都在旁边静静地看着我，很开心。小学快毕业的那个夏天我为了考重点初中突击复习，没时间外出，他每天下班都会买两个娃娃头冰淇淋，回来后先把冰淇淋冻到冰箱里，再看看我的作业本，就悄悄地走了。舅舅没有结婚，把我当成自己的孩子，给我零花钱，妈不准，他就把我叫到厨房后面偷偷地给我，说学校春游的时候用，我说用不完，他就叫我买东西请其他小朋友吃，教我做人要大方。我扶着他的肩膀慢慢围着池塘走了几圈，他有些累了，我们找了个石凳子坐下，我问他身上钱够用不，他说：“够了，上次你给的几十块零钱还没用完。”又说：“你下次来看我的时候再带点桂圆，上次我们病房里面有个人请我喝了瓶雪碧，你给我带点桂圆，我请他吃桂圆。”

舅舅的病反复过几次，每次从医院里出来都要好一些，慢慢又不行了，不睡觉，一个人说胡话，不认我妈，也不认婆婆。每次一严重，都是爸妈送他去住院，他最不喜欢我爸，说我爸老爱把他关进去。舅舅的力气很大，年轻的时候天天游泳，他房间里面有一对锻炼身体的哑铃，很重，上初中时我才能提起来做上 20 个，爸每次强扭他去医院都要费不少的力气。爸现在老了，扭不动他了，这次他住院，叫了几个年轻力壮的去，结果他一点儿也没反抗，很乖地就上了车，在去医院的路上，还告诉司机说路走错了，从哪里右拐进去就是医院。舅舅也老了，他也无力挣扎了。

坐在石凳子上，太阳照得人懒懒的，舅舅像只胖胖的企鹅端坐在那里，满脸花白的胡须，一动不动地看着我。我说："舅舅，有空儿叫医生把胡子给你刮一下。"他说："不刮，胡子是保护牙齿的，等回家再刮。"我说："舅舅你又说胡话了，胡子哪能保护牙齿。"他说："你要少吃点辣椒，辣椒吃了坏牙齿，烟一支也不能抽，酒少喝，对胃不好。你看舅舅的牙齿就是抽烟抽坏了。"说完张开嘴，露出牙床上几颗稀疏的黄牙。我问他要不要什么东西，下个礼拜来看他的时候带来。他说："你下个礼拜如果要来，就把我接回去，我不在这里住了。"我很难过，把脸转向一边，说："医生说你还不能出院。"他想了想，拉拉我的手说："那家里面有双胶鞋给我带来吧，这里洗漱室地上全是水，这双布鞋打湿了脚很冷。"

我把头转了过去，我不想舅舅看到我哭。我不知道电疗是怎么一回事，我不知道舅舅已经衰老的身体还能不能承受住电流的刺激。他肌肉松弛，大腹便便，再也不是那个在雷雨夜里用强壮的臂膀抱着我亲我叫着我小名安慰我的那个人了，在那个时候，他的身体能为我撑开所有的恐惧，让我感觉到安全，而现在，他只能像只胖胖的企鹅一样端坐在那里，如同小时候在我旁边看我吃冰淇淋一样，静静的，乖乖的，呆呆的。

谁是应该感谢的人

那天，我带上新婚妻子莹莹回农村老家。回家前的两天，莹莹就感到很兴奋，自小就生活在城市的她，还没去过农村。她买了许多礼物给我父母，装了两个大包。到家后，来不及休息，莹莹就把给父母的礼物一件件地拿出来。毛衣、靴子、茶叶、蜂蜜……莹莹边从包里拿出这些东西，边说着一些孝敬的话。活了大半辈子，还没有人给他们买过这么多东西，父母显然不知该如何是好，母亲说："这……这……"我知道父母都是忠厚老实、不善言辞的庄稼人，慌忙打圆场说："这都是莹莹孝敬你们的，她说要做个孝顺媳妇。"父亲听了，笑了一下说："好……好……"

吃晚饭的时候，我觉得莹莹的情绪有些不对，以为可能是旅途劳累的缘故。吃完饭，我们就早早休息了。我问莹莹："你不舒服吗？"莹莹摇摇头。"那你怎么显得不高兴？"我关切地问。"我问你个问题，你别生气。你父母是不是不喜欢我？我买了那么多礼物，他们怎么连一句'谢谢'都不说。"莹莹说，语气里透着不满。我赶忙解释说："我父母都是庄稼人，他们不习惯说'谢谢'。你别在意。"莹莹不说话了，翻了个身，很快就睡着了，我却很难入睡。我心里想，莹莹可能生气了，这是她第一次来我家，也是第一次见我父母，应该让他们彼此都有个好印象。想到这儿，我披衣下床，来到父母的房间。他们还没睡，父亲正坐在床头抽烟，母亲还在拾掇东西。我随便和他们聊了一会儿后，才说到主题。我说："爹、娘，莹莹给你们买了那么多东西，你们今天怎么连句'谢谢'的话都没有说？她是城里人，很计较这个的，你们别给她留下不懂礼貌的印象。"我的声音很小，但是却一下子使父母都呆了。母亲停下手中的活儿，低下头，摸着衣襟。父亲则停下抽烟，瞪大眼睛看着我，仿佛我是个突然闯入的陌生人。我们都保持着沉默。我觉得气氛不对，给父母留了句"早点儿休息吧"的话就走出了房间。

第二天早晨，我和莹莹起床后，一打开门，就看见母亲站在门口，一脸憔悴的神情，眼睛也有些红。莹莹愣了一下，然后说："早上好，妈妈。"母亲走到莹莹面前，抓着莹莹的手说："孩子，谢谢……谢谢你给我和你爸买那么多东西。"母亲的话让莹莹感到很突然，她看看母亲，又看看我，不知说什么好。我顿时明白了一切，心里不知道是什么滋味。吃早饭的时候，父亲盛了饭，夹了些菜，坐在厨房里自己吃起来，我和莹莹怎么劝他到正屋的餐桌上吃，他都不去。隐隐约约之中，我觉得父亲是在生我的气，他是在用自己觉得合适的方式抗议我。本来有些饥饿的我再也没有胃口吃饭了。

上午，我找了个机会，悄悄地问父亲："爹，你生我的气了？"父亲白了我一眼，说："我这土包子哪敢生你这城里人的气。"果然不出所料，我昨天晚上的话伤害了父亲。可是，我并不觉得自己有错，莹莹买了那么多礼物，他们难道不应该说声谢谢吗？我解释说："爹，你别生气，莹莹是城里人，很注重礼节，你们说声谢谢也是应该的。"没想到，我这一句话激怒了父亲，他对我吼道:“谢谢?我和你娘养你这么多年,怎么没听你说一句谢谢?你现在是城里人了,看不起爹娘了,爹娘给你丢人了!你娘昨夜一夜都没睡,她不停地责怪自己!我问你,你娘犯什么错了?”父亲的话犹如当头一棒,我傻呆呆地站在那里。父亲点了根烟,叹了口气,慢悠悠地说:“你娘生下你弟弟的第二天晚上,你发高烧,我不在家,你娘不顾虚弱的身子,抱着你趟过河去看医生,十月的河水多凉呀,你的烧退了,病好了,可是你娘的腿从那以后便常常疼,到了阴天下雨更是疼得厉害,那还不是为了你,你长这么大也没说过一句谢谢她的话吧。”父亲的声音不大,但是,每一句话每一个字都令我觉得如针扎在心上。我的脸火辣辣的,愧疚的泪水如断线的珠子滚了下来。

为什么我们会对别人给予的小恩小惠感激不尽，却对父母一辈子的恩情视而不见呢?父母为我付出那么多,我从来没有对他们说过一句“谢谢”,而我又有什么资格要求他们说谢谢呢?应该说谢谢的是我,而不是生我养我疼我爱我的爹和娘呀。

十个馊鸡蛋

那年,我在离家数百里的县城读高中。家里极其清贫,为供我读书,气管病很重的父亲毅然断绝了用药,拼命地在那可怜的一点儿薄地里劳作,期望多打几斤粮食。母亲则将每个鸡蛋换了钱,攒着给我做学费。为了省路费,我只有寒暑假才回家。

高三下学期的一天,我正在上体育课,班主任告诉我母亲来了,在学校收发室等我呢。

我赶紧飞跑着去见母亲。要知道,这可是我上高中以来,家里人第一次来看我,也是母亲第一次进县城啊。

母亲是搭了别人的车来的,一脸的灰尘,衬得已显佝偻的她更加苍老了。我叫声“妈妈”,嗓子便有些哽咽。

母亲用她那榆树皮般的手掌轻轻地摩挲着我的头，疼爱地念叨着:“瘦了,瘦了,个子高了,得吃饱饭啊,哦,看我给你拿好吃的了。”说着,从那个蓝花布缝制的提兜里往外掏鸡蛋,一个一个地往我的兜里塞。

不多不少,正好十个鸡蛋,塞得我的几个衣兜鼓鼓囊囊的。我拿了一个给母亲，母亲摇头说："我在家吃了，这是单给你留的，放了好长时间了，也没工夫给你送来。"母亲又叮咛了几句要我好好学习、注意身体之类的话，便顶着炎炎烈日，匆匆地往回赶。临行前，她很兴奋地告诉我，回去还能搭上一段车。

回到宿舍，我掏出早已被暖热的鸡蛋，拣出一个已碰坏的剥开，塞到嘴里，一股很深的馊味差点儿让我呕吐起来。再嗑开其他的，每个都有些馊味，只是轻重不同，但我还是买了酱油，蘸着全都吃了。

晚上，肚子疼得我直打滚，几个同学赶紧送我去医院打针，第二天的课也没上。

后来才知道，说好要来的日子，母亲便早早地把已放了两个多月、家中仅有的十个鸡蛋全煮了，可要搭的车因故推迟了两天，母亲为了省下五毛钱的车票，便跟着等了两天。

那可是酷热的盛夏啊，熟食搁一天，就要馊的，更何况它们又经过了一路的颠簸呢。

直到今天，我也没对母亲说过，她风尘仆仆送来的十个鸡蛋已经变馊的事。但那天的情景却常常浮现在眼前，那散着异味的鸡蛋，似乎一直在我的胸膛里滚动。

让心灵震撼的爱

从她记事时起，大舅就好像不是这个家的人。记得第一次看见他的时候，他刚被收容所送回了家，和街上的叫花子没有多大的区别。外婆在屋里大声地骂，他蹲在一旁小声地哭，像受伤的小动物。那么冷的天，他身上只有一件破破烂烂的单衣。门口围了一群爱看热闹的邻居，对着他指指点点。

不多久外公回来，一见他这样子，就跑到门背后拖了一根扁担出来，劈头盖脸地向他打去。他"嗷嗷"地叫着，却不敢躲闪。爸爸冲上去抢走外公手里的扁担，他跪在地上含糊而大声地叫着，仔细地听，是"爸爸我错了"。后来她知道，那是她大舅，小时候生病把脑子给烧坏了，成了傻子。

外公那时在外面当包工头，还是有些关系和财力的。没多久，就将大舅弄到了养路段，反正是纯体力劳动，傻子也能干得下来。

大舅于是常常回家来，手里拎着单位发的东西，有时是油，有时是水果，有时是肉。巴巴地送到外婆面前，却还是常常被骂一顿。她当时年纪小，觉得外婆一定是大舅的后妈，否则怎会如此待他。直到成年，她才知道，亲人之间也会有世态炎凉。

大舅待她也是极好的，每次回家总不忘给她带上些好吃的：糖葫芦、棉花糖、大苹果，开始她很高兴，但年纪慢慢大了，她也就不太稀罕这些小玩意了，也开始像家里的其他人一样，冷眉冷眼地对他。一年年地过去，大舅一直是家里可有可无的编外成员，没人心疼注意他，都希望离他远远的，免得给自己找麻烦。

那年的冬天好冷。年前，外公去世了。

刚从殡仪馆出来，全家人就聚在一起讨论财产问题。外公的骨灰盒静静地放在一边，上面是他的遗像，冷冷地注视着这一群被称为儿女的人。妈妈和爸爸在外地，没能赶回来。看着那些争得面红耳赤的容颜，她突然觉得好陌生好可怕。

就在战争已经进行到白热化、几乎要诉诸武力的时候，一旁突然传来了撕心裂肺的哭号声。房间静了下来，她看见，大舅正跪在外公的骨灰盒前，号啕大哭，就像多年前第一次看见他跪着说"爸爸我错了"一样。忽然，她的眼眶就热了。父母长年在外，她一个人待在这个并不温暖的大家庭里，不是不觉得寂寞的，只是她已经学会用疏离和冷漠来包裹自己。那一刻，她突然意识到，这个家里还有一个比自己更孤独更缺少关爱的人。他也是她的一个亲人。

没多久，父母回来了。妈妈脸色蜡黄，一见到外公的遗像就昏了过去。在医院里，她听见医生和爸爸的谈话，知道妈妈得了绝症。家里存折上的数字哗哗地往下掉，妈妈却一天比一天虚弱。她天天陪在妈妈身边，那幢大房子里的亲人，仅仅礼节性地来过一次。只有大舅，常常会在下班后过来，一声不吭地坐在旁边陪着她们。

家里的财产之争还在进行。而她们这里，却等着那笔钱救命。爸爸每天四处求人，希望他们能够快点达成协议，或者先支一部分钱出来给妈妈治病，但得到的都是模棱两可的回答，谁都说做不了这个主。他们像推皮球一样，将爸爸推来推去。最终，协议还是达成了。大舅是傻子，而她家急需用钱，不可避免地，他们得到了最少的一部分，因为算准了他们不会再闹。那是一幢位于城郊的年久失修的房子。那天，她听见爸爸在和大舅商量，说要将房子卖了换成钱，一人一半。家里的钱已经用得干干净净了，而医院那边却像一个无底洞。大舅傻傻地笑着，含糊地答应道：“好！”她在屋里轻轻地舒了一口气。

房子终于卖掉了。爸爸当着大舅的面，把钱数成两份，用报纸包着，将其中的一包递给了大舅，然后揣着另一包急急地带着她往医院赶。刚走出楼道口，就听见后面有脚步声追来，还有含糊不清地叫着她名字的声音。她一惊，心头一冷，医院已经下了最后通牒：再不交钱就要停妈妈的药了。她扭头看爸爸，也是面如死灰。

大舅跌跌撞撞地跑到他们面前，不由分说地将自己的那包钱塞到了爸爸怀里，嘴里含糊地说道：“先，先治，治病。”爸爸一下子呆住了，这么多天来，面对的都是一张张冷冰冰的脸，何曾想到，最危急的时候，伸出援手的，竟是这个傻子。爸爸哽咽着接过钱，正准备说些什么，大舅却又转身蹒跚着走了回去。她看见，常年从事体力劳动的大舅，身形已经有些佝偻了。

妈妈最终还是离开了。那是一段记忆中最为黑暗的时期。在承受着世上最疼爱的人离去的痛苦时候，姨妈舅舅们的脸不停地在眼前晃动。他们神秘兮兮地在她耳边念叨，要她看好妈妈的财产，因为那是外公留下来的遗产。她望着远处忙碌着的爸爸瘦弱的身影和忽然之间花白了的头发，心头的怨恨和酸楚一样疯长。她不知道这都是些什么样的人，长着什么样的心，尤其可恨的是：他们是她的亲人。大舅一直跟在爸爸和她的后面，看他们做什么，他也帮着做什么，还时不时地扭头看看妈妈的遗像，抹着眼泪。她的心在伤痛之余有了一丝温暖，妈妈毕竟还有一个傻哥哥，是从心里爱着她的。丧礼过后，现实摆在了面前。爸爸要回去工作，她的学校在这里，已经高三了，转学过去影响太大。可是原来的房子给了四舅，也已容不下她了。接连失去老伴与女儿的外婆，也终于卸下了她的强悍与精明，整日里默不作声地坐在阳台上晒太阳，漠视着从小带大的外孙女的无助。

她的心更冷了。

那天，爸爸突然对她说：“要不，你到大舅家住一阵。就几个月的时间了。”她呆了一下，想到大舅，丑丑的脸，竟生出些许亲切，于是点头答应了。

大舅的工作虽然是个苦力活，但毕竟是事业单位，他是老职工，还得了一套两居室的住房,旧是旧点儿,倒也宽敞。住在这里的第一晚,想到过世的妈妈,远方的爸爸,还有隔壁房间的傻舅舅,她只觉一阵凄凉,开着灯哭了整整一夜。

但日子还是得过。每天大清早她就起床,到巷子口买早点,中饭和晚饭都在学校吃,晚自习后回来睡觉。她也习惯了这样的生活,觉得还不错,反正也就几个月的时间。唯一让她提心吊胆的,就是晚上回来时要穿过那一条长长的巷道。

那天她下了晚自习,照例到校门口买了一瓶酸奶,老板迟疑了一会儿,告诉她好像总看见一个身影跟着她,让她小心一点。她当时就吓蒙了,站在原地不知该怎么办,在这座城市里,她无依无靠。过了很久,她还是咬咬牙往大舅家快步走去。巷道拐角处,隐约看到一个人影。她的心狂跳,拼命向前跑去,却一不小心摔在了地上。她恐惧到了极点,只觉得有人跑过来抓住她的胳膊,她使劲挣扎、尖叫,突然间,却好像听见有一个熟悉的声音口齿不清地叫着她的小名。她呆住了,安静下来,眼前竟然是大舅那张丑丑的脸,上面还有被她指甲划伤的血痕。

她怔怔地站了起来,大舅结结巴巴地说:“巷,巷子黑,我,我,来接你。”她突然明白了,这些天跟在自己身后的那个身影,就是大舅,难怪她每次回家都没见到他。“你为什么不在学校门口等我?”她问道。

“人,人,人多。”她心头一震,脑海里回想起多年前的一幕:她上小学,大舅来接她,她嫌他丑,使她在同学面前丢脸,于是跑得远远的。

一时间,泪水涌出了眼眶。在这样一个被亲人都视为卑微的身躯里面,满载的却是汹涌澎湃的爱。那一刻,她才意识到,大舅一直都在一个被人忽视的角落里,默默地爱着身边的每个亲人,不管他们曾怎样对待他。他傻,他丑,但这并不是他的错,而是命运的不公平,为此他丧失了被爱的权利,却还这样执著地爱着身边的每一个人。这该是多么宽大和真挚的心灵啊!

走在巷道里,大舅还是弯着腰走在后面,没有看到她脸上的泪水密布。她在心中默默念道:大舅,你可知道,在这个世界上,没有哪种爱的名字叫卑微。

平凡而伟大的母爱

母亲哭了，在摇曳的光影里。60年了，多少苦涩的泪伴着逝去的岁月，在母亲的脸上流呀流，流走了母亲满头的青丝，流成了道道细密的小河。

母亲是个苦命的人，她13岁那年夏天，我外婆突然中风去世了，母亲在外婆的坟前哭干了最后一滴眼泪，就担起了操持家务照料妹妹的担子。默默劳作、不善言谈的性格便是从那时候开始养成的。日子的艰难，心中的愁苦，无人倾诉，只有在夜里默默流泪。

母亲20岁那年冬天，嫁到了我们李家，我的父亲小母亲一岁，家境虽很贫寒，可在十里八村，父亲称得上是一个出色的小伙子。贫家女是不怕过穷日子的，只要她的心能有个依靠就够了。哪想婚后不久，父亲就因劳累过度患了肺病，时常大口大口地吐血，母亲流着泪求父亲去治疗，执拗刚烈的父亲却咬牙发誓不把日子过好，他死也不去治病。母亲知道父亲的心思，他是怕花钱。看着四壁如洗的两间土坯西厢房，家里也真拿不出钱来给父亲治病，母亲除了拼死干活儿来减轻父亲的劳累，就是终日含泪祈求老天保佑。不知是不是母亲虔诚的祷告感动了上苍，半年后，父亲的病竟然不治自愈了，三间新房也盖了起来。房子盖好的那天，母亲抱着父亲大哭了一场。

日子稍稍好过一点儿的时候，我来到了世上，从出生那一天起就把无尽的牵挂与愁苦带给了她，母亲的生命从此成为一支被我点燃的蜡烛，再没有停止过燃烧和流泪。

不满一岁的时候，我得了急性肠炎，这病在三十多年前的农村，是可以置人于死地的。当时，已经担任村支部书记的父亲远在几百里外的地委党校学习，母亲抱着气息奄奄的我，冲进雷电交加的茫茫雨夜，一路跌跌撞撞，终于在子夜敲开了十里外一个老中医的家门。母亲跪在老中医的面前，求他救救她的儿子，她再次用她的泪感动了上苍，我竟死里逃生，奇迹般地活了下来。

说起来，我还算给母亲争气，从小学到中学一路读过来，没让她失望。1980年，18岁的我参加高考，竟考了个全县文科第一，母亲连夜把我的被子拆了添絮一层新棉。灯光下，她手中的针线起起落落，点点滴滴的泪水连同那颗慈母心都絮进了那厚厚的棉被里。

大学毕业后，我被分到一个新兴城市工作，母亲没再做太多的嘱咐，只对我说："你真的长大了，以后出门在外，要行善事，做好人。妈今年喂的这头猪不卖了，留着等你过年回来。"可是，母亲盼来的不是儿子归来的团圆，而是我患病住院的音讯。已是农历腊月中旬，单位的车把父母接到我所住的医院，母亲踉跄着扑到我的床头，抱着我的头，泉涌般的泪水润湿了我的脸。我的心里满是对母亲深深的歉意，为什么我带给你的总是流不尽的泪？我真是一个不怀好意的讨债鬼吗？

在接下来整整18个月的日子里，病魔与死神将我这个不满24岁的生命，当成它们手中的一根扯来扯去的猴皮筋，母亲用她带血的泪水和根根白发陪着我一道跟它们较量，最终我奇迹般地摆脱了死神的纠缠，可是它没有空手离去，而带走了我的一双眼睛。

那是一个飘着细雨的暮春之夜，病房里很安静，母亲小声对我说："你要是难受就抽支烟吧。这是我从小卖部给你买的，是你从前爱吸的'大前门'牌，护士都查过房了，不会有人来了。"母亲的话怯生生的。对失明的儿子，已是心碎的母亲，犹如做错了事的孩子，不知如何才能不惹我发怒。

黑暗中，我下意识地伸出手，她竟看见了，忙把一支烟放到我手中，然后又急急忙忙地去找火柴。我深吸一口久违的香烟，许久才伴着一声重重的叹息吐出浓浓的烟雾。母亲又小心翼翼地开口了："妈知道你心里难受，可我们总还要活下去！""活？像我这样活着有啥用？"这是我几个月来第一次顺着母亲的话茬儿答话，母亲受到更大鼓励："咋没用，只要你还活着，只要我和你爹下地回来能看到炕上坐着他们的儿子，我们心里就踏实，就有奔头——"窗外的雨下得大了，落在长出新芽的树上沙沙作响，忽觉得脸上痒痒的，用手去摸，是泪。

肆虐的风暴过去了，生命之树带着累累伤痕终又艰难地站了起来。在家休养了三年，我又鼓起勇气上路了，因为有母亲那句"咱要好好活！"我必须走出一条活的路来。几年来我的脚下已有一条路的雏形，尽管还不是很清晰，尽管还很狭窄，但那是我自己用脚踩出来的，是我活着的见证，这条路上有我的梦，也有母亲的泪。如果说我的生命是一条船，那么母亲的眼泪就是一条河了。四年前一场婚变，又是母亲含着眼泪默默担起了抚养我6岁幼儿的责任。

母亲啊，你的眼泪真是一条流不尽的河，每当我的生命之船搁浅了，你总是用自己的眼泪托起我这只船，送我到远方。

人生的主角

年轻的记者问我一个问题：

哪个更重要？事业？还是感情？包括友情、亲情、爱情。

我说，这是两码事，都重要，并不矛盾。

我举了两个例子：

一次去见季羡林先生。他说他写过一篇小文章，是怀念老舍先生的，里面有一个小故事。有一回他们偶然在“四联理发店”相遇，点点头，打了招呼，各自坐在椅子上让师傅替他们理发刮脸。理完了，老舍先生先走了。等季先生到柜台上付款时，收款员悄悄地对他说：“刚才那位老先生已经替您付了。”季先生大为感动。他觉得这是一份情谊。什么都不说，只是很小的一个动作，却给了你很大的温暖。在你想不到的地方，有人关心着你，替你做了，什么也不为，没有任何功利。多好。

这便是情，重重的情，浓浓的情。让人能记一辈子。

还有一例：

老舍先生自杀身亡之前几小时曾问过夫人：家里有多少钱？

他平时在家里从不管钱，心中对钱财完全无数。

可是，他干吗在这种时候关心这件事呢？

他接着问：够孩子们养家糊口吗？

当时除了小妹妹还在上北大念技术物理之外，三个孩子都已工作多年了，经济独立，从来没有向家里要过钱。这是一个不成问题的问题。

他脑子里怎么会冒出这么个问题来？在最要命的时候！

完全是一种亲情在起作用。一个父亲，一个有责任心的父亲，一个有点老派的一家之长，在庄严地悲凉地决定主动结束自己生命的前夕，占据他脑海的大事，是想自己孩子的未来，而且想得很单纯，很直截了当，很实在，叫他们别饿着，别凉着。这就是生命的延续。他不能再为他们做任何事了，只能留下一点儿钱吧，或许，还会有点儿用。

还有多少钱呢？所以，他要问。

这是一个简单得不能再简单的故事，可是，想起来便会黯然泪下，心情久久不能平静。

人们各自从事的事业只能占去他们的部分时间，但肯定不是全部时间，在其余的时间里，情便是主角了。

是情支撑着人的世界，让他活着，让他去干事业，让他去爱这个世界。

我时刻感到情的沉甸甸和不可或缺。

情是根，我想。既然离不了，便要珍惜。

而且，说到情，它的纯真，它的质朴，它的可贵，就在于只讲付出，只讲给予，而完全没有功利，不求回报。

陪着父母一起吃剩饭

那个周日的傍晚，我终于摆脱了加班的劳顿，去看望父母。每逢周末，我们兄妹几个都要雷打不动地聚到父母家，来一次家庭团圆。父亲打开门，我得知，兄妹两家人，还有我的妻子和儿子，早已在中午饱餐了一顿后，打道回府。

我腹中早已饥肠辘辘，进门便喊："妈，饭做好了吗？我饿坏了。"走进厨房，映入眼帘的是一桌子的剩饭。我心中顿时一惊："哦，父母正在吃剩饭。"

我第一次意识到，每次的家庭团圆后，父母都要吃孩子们的剩饭。那曲《常回家看看》，让我们这些孩子学会了倾听"妈妈的唠叨"，帮助"爸爸张罗一桌好饭"。我们经常把"生活的烦恼给妈妈说说"，"工作的事情向爸爸谈谈"。我们也曾"帮妈妈刷刷筷子洗洗碗"，"给爸爸捶捶后背揉揉肩"。吃罢丰盛的午餐，陪父母搓几圈麻将，全家洋溢着浓浓的亲情。做儿女的，谁曾意识到，在团圆后的傍晚，父母会孤独地咀嚼那一桌子的剩饭？

此刻，父母餐桌上的剩饭是两碗热过的饺子、一盘吃剩的鸡肋，再就是肥腻的红烧肉。面对此情此景，我忘记了饥饿。

母亲有些手忙脚乱地说："家里只有一些剩饭，我给你下碗面条吧。"我的鼻子有些发酸，赶紧说："不用了，剩饭也能填饱肚子呀。"

于是，陪着父母吃剩饭。我抢着啃光了鸡肋，然后把冰箱里的剩米饭热了热，胡乱填进肚子。吃饭间，我向父母讲述单位的趣事，汇报一下近来发表的文章。餐桌上的气氛很融洽，我的一个笑话逗得父亲哈哈大笑。

离开父母的家时，父母反复叮嘱我路上骑车要小心，下个周日家庭聚会时不要买太多东西。我下了楼梯好一会儿，父母门前的楼道灯才熄灭。

在回家的路上，我用手机拨通了大哥家的电话。我说："大哥，我们忽视了一件事，每次家庭聚会后，我们回家了，爸妈都要吃我们的剩饭。"电话那端，大哥沉默了半天，最后说："我明白了，从下个周末开始，咱们兄妹几个，轮流陪着父母吃剩饭。"

两颗热泪从眼角滑落，我的心头涌起一股浓浓的亲情。

孝心无价

我不喜欢一个苦孩求学的故事。家庭十分困难，父亲逝世，弟妹嗷嗷待哺，可他大学毕业后，还要坚持读研究生，母亲只有去卖血……我以为那是一个自私的学子。求学的路很漫长，一生一世的事业，何必太在意几年蹉跎？况且这期间的分分秒秒都苦涩无比，需用母亲的鲜血去灌溉！一个连母亲都无法挚爱的人，还能指望他会爱谁？把自己的利益放在至高无上位置的人，怎能成为人类的大师？

我也不喜欢不顾父母重病在床而断然离去的游子，无论你有多少理由。地球离了谁都照样转动，不必将个人的力量夸大到不可思议的程度。在一位老人行将就木的时候，将他对人世间最期冀的希望斩断，以绝望之心在寂寞中远行，那是对生命的大不敬。

我相信每一个赤诚忠厚的孩子，都曾在心底向父母许下"孝"的宏愿，相信来日方长，相信水到渠成，相信自己必有功成名就衣锦还乡的那一天，可以从容尽孝。

可惜人们忘了，忘了时间的残酷，忘了人生的短暂，忘了世上有永远无法报答的恩情，忘了生命本身有不堪一击的脆弱。

父母走了，带着对我们深深的挂念；父母走了，留给我们无法偿还的歉疚。你就永远无以言孝。

有一些事情，当我们年轻的时候无法懂得，当我们懂得的时候已不再年轻。世上有些东西可以弥补，有些东西永远无法弥补。

“孝”是稍纵即逝的眷恋，“孝”是无法重现的幸福。“孝”是一失足成千古恨的往事，“孝”是生命交接处的链条，一旦断裂，永无连接。

赶快为你的父母尽一份孝心。也许是一处豪宅，也许只是一片砖瓦。也许是大洋彼岸的一只鸿雁，也许只是近在咫尺的一个口信。也许是一顶纯黑的博士帽，也许只是作业簿上的一个红五分。也许是一桌山珍海味，也许只是一只野果一朵山花。也许是花团锦簇的盛世华衣，也许只是一双洁净的布鞋。也许是数以万计的金钱，也许只是一枚含着体温的硬币……

但在“孝”的天平上，它们等值。

只是，天下的儿女们，一定要抓紧啊！趁着你们父母健在的光阴。

善待父母

孝敬父母是一种美德，赡养父母是一种义务。然而，奔波在社会生活中的很多人，似乎忘了些什么，也顾不得一些什么了——比如对于父母。

最近新闻媒体披露的陕南某县王老太太的遭遇不由得叫人义愤填膺。王老太太有两个儿子，儿子刚几岁，丈夫就病故了。年轻的寡母含辛茹苦地把孩子拉扯大。两个儿子同时考上大学同时毕业后，老大分配到地委，老二成了县中学的教师，但从此母子却成了陌路。大儿子生了儿子，老母亲去看望，已是地委秘书科科长的儿子嫌丢人，不认她，对同事说：“是来上访的，烦死人了！”几年后，大儿子回本县当上了副县长，老母亲因穷困潦倒求救于县长儿子，谁知大儿子像打发乞丐一样给了她 20 元钱。一年后，老人流浪西安，终于饿死街头，副县长不得不赶赴西安。面对记者，他不承认死者是自己的母亲，还操着官腔说：“这是本县的一位孤寡老人，我是代表政府来处理后事的。”

像他这样的逆子，不仅应该摘去乌纱，更应该绳之以法。如果做子女的都像这位副县长一样，我们的社会文明还可能会进步吗？

善待父母是中华民族的传统美德，也是一个人应有的基本良知，多少人都在为自己没有机会侍奉父母而引以为终身的遗憾。老舍先生在《我的母亲》一文中写道：“生命是母亲给我的，我之能长大成人，是母亲的血汗灌养的。我之能成为一个不十分坏的人，是母亲感化的。我的性格、习惯，是母亲传给的。她一世未曾享过一天福，临死还吃的是粗粮。唉！还说什么呢？心痛！心痛！”季羡林先生在《我的母亲》一文中写道：“我永久的悔就是：不该离开故乡，离开母亲。”

季先生出生于鲁西北一个极端贫困的村庄里，他的家更是贫中之贫。离开家几年，已成为清华学子的他，突然接到母亲去世的噩耗，赶回家乡，“看到母亲的棺材，伏在土炕上，一直哭到天明。”

季羡林先生在文章中写道：“我后悔，我真后悔，我千不该万不该离开了母亲。”萧乾先生在回忆他的母亲时说：“就在我领到第一个月工资的那一天，妈妈含着我用自己劳动挣来的钱买了一点儿果汁，就与世长辞了。我哭天喊地，她想睁开眼皮再看我一眼，但她连那点儿力气也没有了。”

诺贝尔物理学奖获得者崔琦在接受杨澜采访时，杨澜问：“如果当初您不到美国读书的话，会怎样呢？”杨澜说，她本以为崔会这样回答：“如果当初我不到美国读书，那我很可能现在还在河南农村种地。”但崔琦说的是：“如果我那时不出国，我的父亲就不会在三年困难时期饿死。”说着，他伤心地流下了眼泪。

老舍、季羡林、萧乾、崔琦四位先生在事业上可以说几乎都达到了他们所在领域的巅峰，可是他们在忆起父母的时候都伤痛于子欲养而亲不待，心底深处留下了永久的遗憾。

说到底，那时国家穷，天下多少父母含辛茹苦，有的还过早地离开了人世，使得做子女的无从报答养育之恩。

现在，做子女的哪一家没有条件奉养父母呢？但是为什么还会有陕南某副县长那样的不孝子孙呢？

在物质文明高度发达的今天，人类的精神家园不应花草飘零。奔波在社会生活中的每一个人，是否都应当思考一下这样一个问题：你是如何善待父母的？